Nobさんの
航空縮尺イラストグラフィティ

ジェット編

下田信夫／著

じつは詳細なリサーチによって生まれていた"リアリティ"

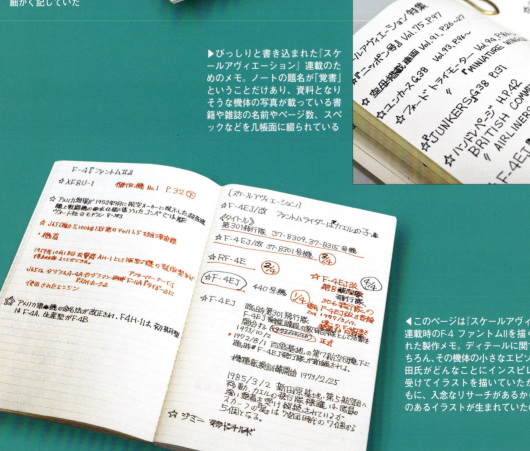

▶下田氏は携帯電話はおろか、インターネット環境を持たずに仕事をしていたので、イラストのネタや依頼された仕事の内容などがすべてノートに事細かく記していた

▶びっしりと書き込まれた『スケールアヴィエーション』連載のためのメモ。ノートの題名が「覚書」ということだけあり、資料となりそうな機体の写真が載っている書籍や雑誌の名前やページ数、スペックなどを几帳面に綴られている

◀このページは『スケールアヴィエーション』連載時のF-4 ファントムIIを描くために綴られた製作メモ。ディテールに関することはもちろん、その機体の小さなエピソードまで、下田氏がどんなことにインスピレーションを受けてイラストを描いていたかが解るとともに、入念なリサーチがあるからこそ説得力のあるイラストが生まれていたのである

Contents 【目次】

*各イラストに並記してある掲載月号は、すべて『隔月刊スケールアヴィエーション』（大日本絵画／刊）の掲載した年月の表記となっております

じつは詳細なリサーチによって生まれていた"リアリティ" 【002】

F-86 セイバー VS MiG-15（1950） 【005】
ヴォート F-8E クルーセイダー 【006】
ダグラス A-4F スカイホーク 【007】
LTV A-7A コルセアII 【008】
ノースアメリカン RA-5C ヴィジランティ 【009】
リパブリック F-105D サンダーチーフ 【010】
ロッキード F-117A ナイトホーク 【011】
マクドネル・ダグラス／BAe AV-8B ハリアーII 【012】
フェアチャイルド・リパブリック A-10 サンダーボルトII 【013】
フェアチャイルド・リパブリック A-10 サンダーボルトII 【014】
グラマン F-14A トムキャット 【016】
グラマン F-14D トムキャット 【017】
グラマン F-14 トムキャット 【018】
グラマン F-14 トムキャット 【020】
マクドネル・ダグラス F/A-18 ホーネット 【022】
F-16 サンダーバーズ 【024】
ベルUH-1D イロコイ 【025】
ミコヤン・グレビッチ MiG-15 ファゴット 【026】
ツポレフ Tu-16 バジャー 【028】
ミコヤン Mig-25P フォックスバット 【029】
スホーイ Su-27 フランカー 【030】
スホーイ Su-33 フランカーD 【032】
スホーイ Su-34 フルバック 【033】
スホーイ T-50-1 PAK FA 【034】
ミル Mi-24V ハインドE 【036】
アントノフ An-124 ルスラン（コンドル） 【038】

数々の作品を生み出したNobさんの仕事部屋 【039】

ノースアメリカン F-86D セイバードッグ 【040】
ロッキード F-104J スターファイター（旭光） 【042】
マクドネル・ダグラス F-4 ファントムII 【043】
マクドネル・ダグラス F-4EJ ファントムII 【044】
三菱 F-15DJ イーグル 【046】
三菱 F-2A 【048】
ロッキード C-130H ハーキュリーズ 【049】
日本航空機製造（NAMC）YS-11 【050】
デ・ハビランド・シービクセン F.A.W.2 【052】
BAe シーハリアー FRS.1 【053】
ホーカー・シドレー ハリアー 【054】
フーガ C.M.170R マジステール 【056】
ダッソー・ブレゲー シュペルエタンダール 【058】
ダッソー・ラファールM 【060】
サーブ 37 ビゲン 【061】
グラマン F-14A トムキャット 【062】
S100 サエゲ 【064】

頭上の敵機も驚いた、「荻窪航空博物館」の夢と大冒険／佐野総一郎 【066】

「バトル・オブ・ブリテン」 【067】

Nobさんの「荻窪航空博物館」 【075】

Nobさんの「パニック・ザ・航空史」 【083】

Nobさんの「寒くて暑い!? 二度と行きたい!? 映像製作現場ウラ話」 【091】

下田信夫

●しもだのぶお 1949年生まれ。東京都出身。航空ジャーナリスト協会理事。模型サークル松戸迷才会所属。1970年代より航空機イラストを航空専門誌などで発表、スケールモデル専門の模型情報誌『レプリカ』（TACエディション）の表紙も勤めた。そのほかにも図鑑、単行本などでも寄稿、航空自衛隊救難団のバッチのデザインも手がけ、模型のボックスアートなども担当。そのディフォルメされつつも計算されたイラスト、暖かい雰囲気は老若男女問わずファンも多い。飛行機はもちろんのこと、戦車、鉄道まで守備範囲は多岐にわたる。『スケールアヴィエーション』誌連載で使用していた「荻窪航空博物館長」という肩書は大変気に入っていた（実際にはこういった博物館は存在しません）。好きな日本酒は菊姫（石川県）。2018年5月22日に死去。享年69歳。最期までイラストレーターとして筆を握った

F-86 セイバー VS MiG-15(1950)

North American F-86 SABRE VS Mykoyan Gurevich MiG-15

1998年12月号(Vol.5)掲載

　'50年11月11日、この年の6月25日に勃発した朝鮮戦争において国連軍はインチョン(仁川)上陸作戦から反撃に転じ、クリスマスまでには決着がつきそうな勢いでありました。そこに立ちふさがったのが、ヤールーガン(鴨緑江)を越えてやって来た6機の後退翼付ジェット戦闘機。中国義勇軍の参戦であります。これはまさに6年前のバルジの戦いの再来となりました。命からがら逃げ帰ったT-6テキサンのパイロットの報告によると、謎のジェット戦闘機は2年前のツシノのショーで公開された、ソ連の最新鋭機MiG-15と思われるとなったからさあ大変。一夜にして国連軍全戦闘機は旧式になってしまいました。そこで援軍として白羽の矢が立ったのは、アメリカ空軍が前年の2月に部隊配備を始めたばかりの虎の子の最新鋭機F-86セイバーであります。早くも11月17日にはサンディエゴ海軍基地で空母やタンカーへの積載が始まり、防水耐塩害対策が施されセイバーは太平洋を横断し、国連軍へのクリスマスプレゼントとなったのであります。

　Mig-15との初交戦は12月17日、この日から始まったセイバー対Mig-15の対戦はセイバーが圧勝し、'53年7月22日に終わりました。両機は終戦によってドイツから入手した後退翼の研究資料によって誕生した後退翼ジェット戦闘機であることは広く知られています。性能的にはMigがやや勝っていましたが、その差を補って余りあるセイバーのパイロット技量が勝因でありました。

　暑中見舞いには遅すぎ、クリスマスプレゼントとしては早すぎる'53年9月21日、アメリカ軍にすばらしいプレゼントがありました。喉から手が出るほど欲しかったMig-15bisが金浦に亡命してきたのです。本機を試験飛行したアメリカ空軍のパイロットはMigの高性能に驚いたのなんのって……。試験飛行が行なわれたのは嘉手納でした。本土復帰前の沖縄であったとはいえ日本上空をMigが飛行したのです。■

ヴォート F-8E クルーセイダー（1955）

Vought F-8E Crusader
2003年5月号(Vol.31)掲載

　ヴォートF-8クルーセイダーの物語は'52年、アメリカ海軍が各社に提示した超音速艦上戦闘機の要求仕様から始まりました。朝鮮戦争の最中のことです。クルーセイダーの開発は順調に進み、原型XF8U-1の1号機は、'55年3月25日の初飛行で早々に音速を突破、その能力の高さをかいま見せましたが、世界初の超音速艦上戦闘機の座はライバルF9F-9に先を越されていました。F9F-9は名門グラマン社の艦上戦闘機で、後にF11F-1タイガーと改称された機体。この年の1月にマッハ1.12を記録していたのです。

　クルーセイダーはライバルF11F-1には初飛行で8ヶ月、音速突破では3ヶ月先行されていましたが、量産型F8U-1を装備する最初の部隊の編成は1957年3月25日と、タイガーの部隊編成に遅れることわずか17日でありました。そして、勝負を決めたのが生産機数です。F11F-1シリーズの201機に対して、F-8シリーズは1261機という大差でありました。

　クルーセイダーの最大の特徴は、超音速性能を狙った肩翼式に取り付けられた後退角42度の薄翼形式の主翼を離着艦時に油圧シリンダーで7度持ち上げるという、可変取り付け角機構です。同社の前作F7Uカットラスが短命に終わった要因のひとつが着艦時の機首上げ姿勢20度にあったそうですから、離着艦性能にはこだわった設計になりました。

　また、ベトナム戦争での活躍が、クルーセイダーを最後のガン・ファイターとも呼ばれる名機にならしめたのであります。アメリカ海軍戦闘飛行隊が撃墜した北ベトナムのMiG戦闘機の数は、主力のF-4ファントムの10機に対して、クルーセイダーは18機にも上りました。しかしガン・ファイターにも悩みがありました。肝心の装備した4門のガン、20mmMk.I機関砲が高G機動中にしばしば故障することと、外翼を折りたたんだまま離陸を試みるパイロットが、ベトナム戦争中を含めて7例もあったことであります。　■

ダグラス A-4F スカイホーク (1954)

Douglas A-4F Skyhawk
2001年3月号 (Vol.18掲載)

　スカイホークは戦闘機の護衛なしで戦術核攻撃や通常兵器による近接支援や阻止攻撃ができる、軽量小型の高速艦上攻撃機であります。自重はF-86Fの4.9tより小さい3.8t。全幅は8.4mと小型なため、主翼の折りたたみ機構なしで空母での運用ができました。その優れた高速性能は'55年10月26日にA-4A (旧称A4D-1)の3号機が樹立した500kmコースでの世界速度記録1119km/hによって実証されています。

　'54年6月に1号機が初飛行してから、アメリカ海兵隊向けのM型の最終号機が'79年2月に引き渡されるまで、実に25年間にわたって各型併せて2960機も生産されました。この25年間というのは、大正10年(1921)に日本海軍最初の国産戦闘機として採用された、三菱一〇式艦上戦闘機を太平洋戦争の終戦まで生産するような期間にあたります。

　スカイホークの狩り場はベトナムの戦場でした。その優れた運動性により地上部隊の支援、対地攻撃にと大活躍。'67年3月1日、北ベトナムのケブ飛行場を攻撃中のA-4Cのパイロットは、地対空ミサイルや迎撃機を『鶫の眼鷹の眼』をもって警戒中のところ、スクランブル発進中のMiG-17を発見。機速が充分ついていない敵機の前面に一度出たあと、ループをもって再度後方につき、翼下の対地攻撃用のズーニロケット弾を一斉に発射して、これを撃墜したのであります。ベトナム戦争唯一のMiGキラーのA-4パイロットはこのように誕生しました。

　スカイホークはこの軽快性を買われ、サイドワインダーを装備して対潜空母の防空用に使われたり、トップガンのアグレッサーやブルーエンジェルスの使用機にもなりました。イスラエルをはじめとして海外の同盟国へも多数渡り、その中でもクウェートに渡ったA-4KUは、湾岸戦争でイラク軍の手を逃れサウジアラビアを仮の営巣地として、自由クウェート軍を構成して参戦したのであります。■

LTV A-7A コルセアⅡ (1965)

LTV A-7A Corsair II
2011年1月号(Vol.77)掲載

　LTV A-7AコルセアⅡは、チャンス・ヴォートF8Uクルーセイダー艦上戦闘機の短縮型として開発された、ダグラスA-4スカイホーク艦上軽攻撃機の、さらに次の世代の後継機です。'63年5月29日にアメリカ国防省から次期軽攻撃機の要求仕様書が提示された時、名門チャンス・ヴォート社は'61年にVTA(リング・テムコ・エレクトロニクス)社に吸収され、LTV(リング・テムコ・ヴォート)社のヴォート・エアロノーティクス部門となっていました。クルーセイダーの基本構造を継承しつつ大幅な設計変更を施された改設計機は、'64年末にはチャンス・ヴォート社伝統の名称である"コルセア"を襲名し、コルセアⅡと名付けられています。ヴォート社の総製作機数のうち3/4を占めるコルセアシリーズのトリをつとめたのが、最後の自社設計機となったA-7 コルセアⅡというわけです。

　その初飛行は'65年9月25日、'67年1月3日には最初の実戦飛行隊VA-147 アーゴノーツが、A-7Aの最初の訓練部隊VA-174の飛行隊長だった、ドナルド・S・ロス中佐の指揮の下編成されました。隊名アーゴノーツの由来は、ゴールドラッシュの頃の山師を表す"アーゴノート"の複数形との話がありますが、垂直尾翼のマークがツルハシではなく偃月刀(えんげつとう)のマークであるところから見て、ギリシャ神話に登場する金の羊毛を捜して大船アルゴで船出した探検隊であるアルゴナウテースではないでしょうか。

　現代のアルゴナウテースの最初の戦いは、大船アルゴならぬアメリカ海軍の攻撃空母レンジャーに配属され、ロス中佐の指揮による'67年12月4日の北ベトナム南部にあるビンの橋と道路への5inズーニー・ロケット弾による攻撃でした。そんなコルセアⅡの最後の航海となったのが、'91年1月に勃発した湾岸戦争です。尾翼に描かれた偃月刀が愛用されているアラビアの地での、A-6Eが発射したSLAMの誘導や敵防空網の制圧作戦が最後の戦いとなったのです。■

ノースアメリカン RA-5C ヴィジランティ（1958）

North American RA-5C Vigilante
2005年3月号(Vol.42)掲載

　RA-5Cヴィジランティは機種記号からわかるように、A-5Aヴィジランティ重攻撃機から発展した戦術偵察機です。A-5A（旧称A3J-1）の開発は'56年8月に始まり、原型機は'58年8月31日に進空しました。重攻撃機の任務は航空母艦をベースとして敵地に侵攻し核攻撃を加えるというものであります。

　ヴィジランティに求められたもは当時のソ連の防空システムを突破できる高高度・高速の侵攻能力で、アクティブECMを携えて高度4万5000フィートをマッハ2の高速で核攻撃できるというものでした。核爆弾は左右のエンジンに挟まれた胴体内に収容され、それに続いて2個の往路用のカン・タンクと呼ばれる円筒型燃料タンクを収めました。超音速領域での投下方法は、テイルコーンを吹き飛ばし3つを連結したまま後方に打ち出すというユニークな方式が採られています。

　ヴィジランティの艦隊配備は'62年に始まりましたが、そのころ、ポラリス(SLBM)搭載潜水艦も急速に戦力化され、アメリカ海軍は核報復戦略を重攻撃機からSLBMへとシフトしたのです。生き残りを賭けての改修で低空侵攻能力の資格も習得しましたが、通常兵器の搭載能力は依然低く実用性は乏しいものでした。

　風前の灯火だったヴィジランティを救ったのが、'63年に登場した、A3J-1に大幅な改修と改造を加え偵察機器を装備したRA-5Cであります。この転職は大成功でした。'64年1月に実戦配備となり、同年8月には攻撃空母レンジャーに搭載され、初めて第7艦隊に展開しました。この月の5日、トンキン湾事件が発生、以後ヴェトナム戦争全期を通じてRA-5Cヴィジランティは戦略偵察・戦術偵察にと活躍しました。北ヴェトナムの戦略拠点上空を、非武装・低空で強行偵察するRA-5Cの一部の機体には、試験的に迷彩塗装が施されました。そのうち1機は厚木の日本飛行機株式会社が塗装を担当、ダークグリーン、オリーブドラブ、タンの3色塗装された機体でした。　■

リパブリック F-105D サンダーチーフ（1955）

Republic F-105D Thunderchief

2009年7月号(Vol.68)掲載

　F-105サンダーチーフを生んだリパブリック社の戦闘機の名称は何故か、第二次大戦当時のP-47サンダーボルトからジェット戦闘機F-84ファミリーのサンダージェット、サンダーストリーク、サンダーフラッシュ、ジェット・ロケット混合動力試作迎撃機サンダーセプターと続く雷シリーズとなっています。サンダー名称の由来と関係は定かではありませんが、これら一連の機体の生みの親、設計者はアレクサンダー・カルトベリです。また、カルトベリがセヴァスキー社在籍時に設計した機体が、後にP-47サンダーボルトに発展するアメリカ陸軍初の単葉密閉座席引込脚戦闘機セヴァスキーP-35でした。

　F-105サンダーチーフは当初、超音速戦術核攻撃専用機として開発がスタートしましたが、国防省の方針転換により通常爆弾による戦術攻撃任務が強化され、370kg爆弾を合計16発搭載できる戦闘爆撃機となりました。昨今の戦闘機の流行りはステルス性ですが、サンダーチーフが開発された当時は超音速飛行に有利とされるエリアルールでした。最初の量産型YF-105Bからエリアルールを採り入れたサンダーチーフは、くびれた胴体とM字空気取入口とがあいまってまるでSFキャラクター的な平面形をしています。しかし、主翼部下胴体中央部に核爆弾を搭載する、4.5mのウエポンベイを設置した結果、巨大になってしまったその側面形から、「ウルトラ豚」や「鉛のソリ」と仇名されたそうです。'54年から'63年にかけて各型合計833機生産されたサンダーチーフの主力となったのが501機生産されたD型で、アメリカ政府がベトナム戦争に本格的に介入する以前の'64年8月には、この打撃力を見込まれ、南ベトナムのダナンやタイのコラートに、嘉手納や横田から派遣されています。

　そのリパブリックF-105Dサンダーチーフの大舞台デビューがベトナム戦争での北爆作戦、'65年3月2日に開始されたローリング・サンダー作戦でありました。　■

ロッキード F-117A ナイトホーク（1981）

Lockheed F-117A Nighthawk

1998年4月号(Vol.1)掲載

　ロッキードF-117Aナイトホークは、ご存知の通り史上初の実用ステルス戦闘機です。'88年11月にはじめてF-117Aの写真が公開された時はその姿に驚いたのなんのって。まるで山折り谷折りで組み立てられたペーパークラフト、平面と直線だけで3次元の機体が構成されていたのであります。

　当時ステルス機の常識は、レーダーの電波をまんべんなく多方向に反射させてぼかすことにより探知させにくくする方式、したがって機体は曲面と曲線だけで構成されていなければならない、と思われていました。'86年にイタレリ社から発売された『F-19 STEALTH』という名ののっぺりとしたプラモデルは、このイメージにピッタリと合い、アメリカで売れに売れて大ヒット。その上アメリカ議会でも機密漏洩の疑いありと問題になったりしたからもう大変、これではステルスののっぺり説がお墨付き貰ったようなもんです。それなのにそれなのに……。

　F-117Aのステルス設計のコンセプトは機体を構成する各平面を進行方向に対して傾けることにより、レーダーの電波を前方に返さないようにファールチップさせることだったのです。誰もがまるっこい機体を想像していただけに、これはかなりの驚きをもって迎えられたのです。

　この方式の有効性は、湾岸戦争で計1271回の出撃に対して被弾なしという実績で証明されました。F-117A最終号機（通算59機）は'90年4月空軍に引き渡されて生産は終了しましたが、実際にロールアウトしたF-117Aは60機だったそうです。この1機のカウント違いの原因となったのは、実用生産型1号機が離陸中に転覆大破したためでした。この機体は空軍への引き渡し前であったために、生産機数のカウントに入っていない……というところから発生した食い違いとなります。ロッキード社でのステルス機の総生産機数は企画開発（FSD）5機とHave Blue機2機を含む66機になります。　■

マクドネル・ダグラス／BAe AV-8BハリアーII (1978)

McDonnell Douglas/British Aerospace AV-8B HarrierII

2006年7月号(Vol.50)掲載

　50年代から60年代に掛けて、欧米では数多くの固定翼VTOL機開発計画が試みられました。が、ほとんどのプロジェクトはそのあとに珍機属に分類されてしまうような、骨折り損のくたびれ儲けという無惨な結果でありました。

　そんな中での唯一の成功例が、'60年に初飛行したホーカー シドレー社の推力転向型VTOL攻撃機P.1127、のちのハリアーであります。アメリカ海兵隊は'69年に、AV-8Aの名称で揚陸支援用攻撃機としてハリアーの採用を決定。外国製の軍用機の採用、海兵隊が海軍の使用していない機体を採用することは、ともにめずらしい出来事でありました。海兵隊にとって、強襲揚陸艦や確保した橋頭堡の応急飛行場からヘリコプターのように発進し、亜音速で進撃して地上部隊の航空支援ができるAV-8Aハリアーは世界にふたつとない理想の攻撃機だったのです。

　しかし、運用者としては100%満足していたわけではなく、常により多くの兵装ペイロードと航続距離の増大の要求がありました。そこで最大離陸重量の引き上げプロジェクトの旗揚げであります。検討の結果、エンジンの利用可能水力の効率化プランがAV-8BハリアーII計画として'75年に正式にスタートし、'78年11月9日には初飛行に成功しました。ペガサス・エンジンの能力向上と、新設計の複合材製の主翼にはスーパークリティカル翼断面が採用されました。さらに、離陸時のエンジン推力の効率化のために、機体の下にガン・パックとその前のフェンス、後ろの主脚扉とで構成される空間に、地面から跳ね返るエンジン排気を受けとめクッションとする工夫が取られました。これらの現実的改良アイデアで、AV-8BハリアーIIはAV-8Aに比べて、エンジン最大推力2.3%の増加で、7,940kgから8,595kgと最大VTO離陸重量の8.2%の増大を得ることができたのであります。生まれ変わったAV-8BハリアーIIは、'90年8月の湾岸戦争が初陣となりました。■

フェアチャイルド・リパブリック A-10 サンダーボルトII（1974）

Fairchild Republic A-10 Thunderbolt II

2006年9月号（Vol.51）掲載

　A-10の開発は、'67にアメリカ空軍が提示した、ベトナム戦争の戦訓を取り入れた新しい近接支援用攻撃機A-X計画に始まります。各社から提出されたA-X設計案で競争審査を突破できたのは、ノースロップ案とフェアチャイルド案です。'70年12月18日、"フライ・ビフォー・バイ"（購入前に飛行テストを行なう）という新方針から、それぞれYA-9A、YA-10Aとして試作機2機ずつが発注されました。

　YA-10A原型1号機の初飛行は'72年5月。'73年1月には、過酷な比較飛行審査、本選の結果、ライバルYA-9Aにうち勝ち、空軍から前期量産型（増加試作機）10機の発注を受けて、採用内定となりました。A-7Dとの比較審査でもYA-10Aに軍配が上がり、1974年7月9日、最初の生産型52機が発注されて、晴れて制式採用となったのであります。

　A-Xの要求仕様を満たして制式化されたフィアチャイルドA-10Aサンダーボルト IIは、愛称から判るように、第二次大戦のアメリカ戦闘機中、最多の生産数を誇る、リパブリックP-47サンダーボルトの血を受け継いでいます。これは、リパブリック社が'65年9月にフェアチャイルド社に吸収合併されていたからであります。

　二代目サンダーボルトの任務は敵前線部隊を攻撃して味方地上軍の戦闘を助ける近接支援ですから、強力な兵装が命であります。弾数1350で、発射速度4200発／分の高速発射と2100発／分の低速発射の2段階に調整できる、固定武装のGAU-8/Aアベンジャー30mm7バレル砲がサンダーボルトIIの売りであります。GAU-8の徹甲焼夷弾のペネトレーター（貫通弾体）には自然発火性があり、重質量のウラン238を用いたいわゆる劣化ウラン弾が使われました。落雷となってイラクの戦場に降り注いだ劣化ウラン弾は、敵ばかりではなく前線の味方地上部隊にとっても放射能問題もあって、ありがた迷惑の代物だったかもしれません。

フェアチャイルド・リパブリック A-10 サンダーボルトⅡ(1974)
Fairchild Republic A-10 Thunderbolt Ⅱ

2015年5月号(Vol.103)掲載

　フェアチャイルドA-10 サンダーボルトⅡはベトナム戦争の戦訓を取り入れた攻撃機です。'67年にワルシャワ条約機構軍の機甲部隊を迎え撃つ近接支援用攻撃機A-Xとして開発計画がスタートしました。A-Xの要求仕様は、強力な30mmガドリング砲を固定装備にするとともに、大量の兵器を搭載し、索敵・攻撃のための長い滞空時間、発見した目標を見失わず攻撃する優れた運動性、さらには近接支援のため戦場近くでの小さい飛行場でも離着陸でき、整備が簡易という信頼性の高さでした。また、調達価格を安価にするために、高速性能や全天候能力は求められていません。

　A-X計画はノースロップ社のYA-9Aとフェアチャイルドの YA-10Aとの競争試作となり'73年1月、A-XにYA-10Aが選定されました。公式名称もサンダーボルトⅡに決まりましたが、機種から覗く強力なGAU-8/A アヴェンジャー 30mmガトリング砲の容貌から、軍隊では一般にウォートホッグ(イボイノシシ)のニックネームで呼ばれています。チタン合金製の装甲に守られたパイロットが目視で目標を見つけ猪突猛進することなく、対空火器の射程外から攻撃するという貴重な方式であります。

　ソ連が崩壊しワルシャワ条約機構軍の脅威が消滅。サンダーボルトⅡは宝の持ち腐れになるかと思われていた'91年1月、湾岸戦争が開戦となりました。この戦争でウォートホッグは持ち前の頑丈さを発揮。砂漠の環境にも負けず近接支援や前線航空管制にと八面六臂の大活躍の戦果を上げ、その能力の高さが再認識されました。この砂塵舞う砂漠地帯で酷使されたため主翼の外皮の傷みが激しく、そのために採られた措置がホグアップと呼ばれる運用寿命延命計画です。この処置によりA-10 ウォートホッグは主翼を交換することで寿命の延長が図られましたが、'15年の国防予算案では予算削減のためA-10の全廃が決定されてしまったのでした。■

Fairchild Republic A-10 Thunderbolt Ⅱ

◀A-10B（N/AW型）は、A-7のA-X参戦で6機に減らされた当初10機だった開発テスト用の前生産型の1号機をリパブリック社が自主改造した複座の全天候作戦性能向上型です。増設された後席はウエポンシステム（WSO）員席ですが、A-10自慢のチタニウム製装甲板はありません。初飛行は1979年5月4日でしたが、採用にはいたりませんでした

▶ジェネラルエレクトリックGAU-8/A アヴェンジャー30mmガトリング砲はA-X用に新たに開発された兵装で、フィルコ・フォード社との競争試作となり1973年1月からはじまった比較射撃テストの結果、6月14日にGAU-8/Aに軍配があがりました。システム全長6.06m、最大高1.01m、重量890kg、7砲身のGAU-8/Aの弾薬搭載量は1350発、発射速度は毎分2100発と4200発に切り替えができ、射撃は1バースト2秒間135発です。1200mの距離から戦車の上面装甲を打ち抜く威力を持ち、その発射時の反動は8.6tにも達するそうです

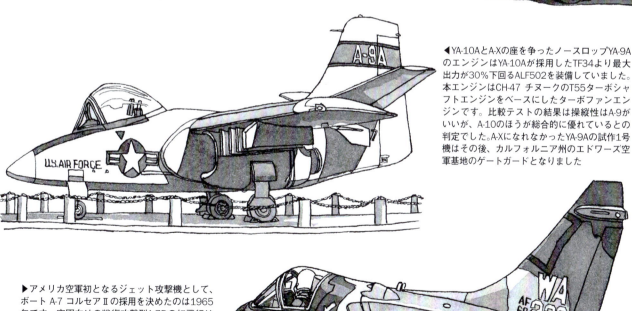

◀YA-10AとA-Xの座を争ったノースロップYA-9AのエンジンはYA-10Aが採用したTF34より最大出力が30％下回るALF502を装備していました。本エンジンはCH-47 チヌークのT55ターボシャフトエンジンをベースにしたターボファンエンジンです。比較テストの結果は操縦性はA-9がいいが、A-10のほうが総合的に優れているとの判定でした。A-Xになれなかったno YA-9Aの試作1号機はその後、カルフォルニア州のエドワーズ空軍基地のゲートガードとなりました

▶アメリカ空軍初となるジェット攻撃機として、ボート A-7 コルセアⅡの採用を決めたのは1965年です。空軍向けの戦術攻撃型A-7Dの初飛行は1968年4月、その就役は1970年9月でした。一度YA-10Aに決定したA-X計画に対してA-7の製造メーカーのあるテキサス州選出議員からのクレームで仕切り直しとなって1974年4月15日～5月9日に比較テストが行なわれました。ボート社（当時はLTV）では、A-7の胴体を延長し30mmGAU-8ガトリング砲装備するA-7DERを提案しましたが結果は変わりませんでした

グラマン F-14A トムキャット（1970）

Grumman F-14A Tomcat

2012年3月号(Vol.84)掲載

　アメリカ海軍は'81年8月12日各国船舶に対して、南地中海で第6艦隊による空対空、空対艦ミサイルの実弾発射演習を8月18日、19日の2日間実施すると警告を発し、14日には演習海域上空に飛行制限空域を設けると発表されました。問題は演習海域の南半分が、'73年にリビア政府が一方的に領海宣言したシドラ湾に重なっていることでした。アメリカに盾突くカダフィの鼻を明かすのが意図の演習でしたので、そんなこと構っちゃいられません。リビア政府は、演習開始の18日早々、リビア本土から第6艦隊への監視行動として、演習海域へのベ72機で侵入を図りました。

　演習2日目、8月19日の早朝、通常のパトロール任務を行なっていた、空母ニミッツ搭載のVF-41に所属する2機のF-14トムキャットが、リビア本土の基地上空にあらわれた2個のブリップを捉えるや否や、反転してリビア機に向かいました。2個の機影は、前日も飛来したSu-22フィッターと確認されました。

　この連中は素直にUターンせず、フィッター1番機はトムキャット1番機に対してAS-2アトールを発射したのです。アトールをかわした1番機は、フィッターにとって最悪の相手でした。VF-41はこの春、オシアナ基地のアグレッサー飛行隊によるACM訓練を受けて腕を磨きに磨いた飛行隊で、その上、相手をしたのは飛行隊長ヘンリー・クリーマン中佐率いるエリート部隊だったのであります。アトールをかわしたクリーマン中佐機は、前方に入ってきた2番機のフィッターの真後ろにつけると、AIM-9サイドワインダーで撃墜。僚機のローレンス・マクジンスキー大尉もサイドワインダーで1番機のフィッターを撃ち落としました。これはトムキャットの初戦果であり、可変翼機同士の初の空中戦でした。この戦果をパイロット、RIOの顔写真とともに公表した国防省でしたが、他国の元首に「死の使者」を送ると公言するカダフィ議長のことを考慮し、その後は個人情報の公表は控えています。■

グラマン F-14D トムキャット（1970）

Grumman F-14D Tomcat

2008年5月号(Vol.61)掲載

　F-14 トムキャット（雄猫）の原型機の初飛行は'70年12月21日です。本機の開発は、アメリカ空・海軍共用の統一機種GD／グラマンF-111の海軍型F-111Bの開発失敗が端緒でした。この結果を受け、F-4ファントムII艦上戦闘機の後継機を至急開発する必要に迫られたアメリカ海軍は、新たに各メーカーに艦隊防空と制空戦闘を兼務できるVFX計画の提案要求を出し、'69年1月15日、グラマン社のF-111Bのエンジンとウェポンシステムの組み合わせを引き継いだ案が採用されました。グラマン社では原型機12機の製作・発注を受けると共に、'71年度予算では量産機の発注を受け、総計463機の生産が内定するという中、計画着手から2年足らずでF-14は進空することができました。VFXの主なる要求ミッション、制空戦闘、艦隊防空、近接支援の任務を遂行するにあたり採用され実用化されたのが、飛行速度に合わせて最適な翼の後退角度を自動的に変化・設定し、最大の余剰推力を維持することができるVG翼（可変後退翼）です。

　F-14 トムキャットは'72年10月には転換訓練飛行隊への引き渡しが始まり、最初の実戦飛行隊への配属開始は'73年7月のVF-1、VF-2に対するものでした。VF-1はアメリカ海軍最初の戦闘飛行隊として誕生した部隊で、新たにウルフパックのニックネームが制定されました。またF-14最後の飛行隊となったのは、トムキャッターズのニックネームとフェリックス・ザ・キャットのエンブレムを'35年の部隊創設以来受け継いでいるVF-31でしたが、そのトムキャットの運用終了は'06年9月22日にバージニア州NASオシアナで行なわれたファイナルフライトセレモニーでありました。セレモニーに参加した103号機はF-14Aのエンジンを換装したD型でしたが、垂直尾翼に描かれていたのはフェリックスではなくトムキャットマスコットでした。ちなみにNASオシアナ士官クラブ近くでゲートガードとなっているトムキャットはD型の最終号機です。■

グラマン F-14A トムキャット (1970)

Grumman F-14A Tomcat

2013年5月号(Vol.91)掲載

　F-14トムキャットは、神通力であるAWG-9／フェニックスAAMシステムをもって、空からの脅威から空母機動部隊を護る守護神の三代目です。初代守護神は50年代に計画された、大型の亜音速戦闘機に長射程AAMを多数搭載し、艦隊上空を遊弋させて、長距離で敵機を発見・撃墜するというダグラスF6Dミサイリアー計画でした。しかし初代守護神F6Dは、搭載機数の制限がある空母艦載機としては不経済であると"仕分け"され、出現前の'60年末に計画放棄の憂き目に遭っています。これに代わる二代目守護神計画が、可変翼のジェネラル・ダイナミックスF-111B計画です。神通力は、ヒューズ社が新開発するAWG-9／フェニックスAAMシステムでしたが、エンジンと空気取入口との技術的問題や機体重量の増加、ヒューズ社のシステム開発の遅延もあって、'68年4月、開発原型機7機だけで、守護神はチョット顔を見せただけで計画は中止となりました。

　F-111Bの実用化が危ぶまれていた'67年10月、創業以来一貫して海軍戦闘機を開発・生産し、世界最初の可変翼戦闘機XF-10Fジャガーの試作や、F-111Bの開発にも協力していたグラマン社が提案したのが、VFX計画と呼ばれる、AWG-9／フェニックスAAMシステムを装備する新戦闘機の開発計画でした。これが三度目の正直と実を結びF-14トムキャットが誕生したのであります。

　トムキャットが敵機撃墜という、空母機動部隊の守護神としての本来の役割を成し遂げたのは'81年8月19日のことです。この時はシドラ湾での演習を妨害しようと飛来した、リビア空軍のSu-22フィッター2機を迎撃、トムキャットはAAMでリビア空軍機を2機ともに撃墜しました。これが守護神トムキャットの唯一の御利益でありましたが、AAMは伝家の宝刀であるフェニックスを抜くことなく、サイドワインダーのみで間に合せています。■

Grumman F-14A Tomcat

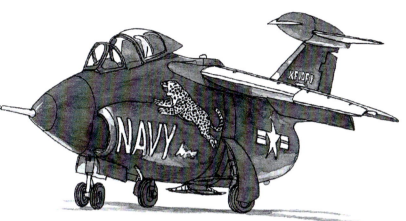

◀世界最初の可変翼戦闘機はグラマンXF10Fジャガーです。開発当初は切り落とし三角翼機でしたが、度重なる海軍の過酷な要求から重量増加を招き、空母での運用を可能にするために1949年7月7日、可変翼機に変身しました。70機の生産発注を受けるという期待の星でしたが、1953年6月12日、不調のJ-40WE-8エンジンが命取りの一因となり、計画は中止になりました。栄誉ある世界初の可変翼戦闘機の試作1号機と2号機は、博物館に展示されることなく、バリヤーのテストに供され、この世から姿を消しました。初飛行は1952年5月19日です

▶銀行家出身で当時のマクナマラ国防長官が経済性重視で推進した合理化方針、空軍と海軍の戦闘機共通化計画によって誕生した、空軍のF-111戦闘爆撃機の海軍バージョンがジェネラル・ダイナミックスF-111B戦闘機です。1965年5月に初飛行しましたが、500機を量産する予定のところ、重量過大などから原型機7機で残りすべてキャンセルされました

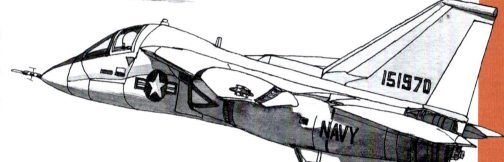

◀アメリカ海軍以外で唯一F-14 トムキャットを採用したのが、革命前のイラン空軍でした。陸上型を80機発注し、77機が引き渡され、双尾のペルシャ猫となりましたが、レッド・データ・ブックではすでに根絶種に分類されています

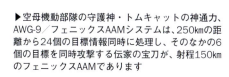

▶空母機動部隊の守護神・トムキャットの神通力、AWG-9／フェニックスAAMシステムは、250kmの距離から24個の目標情報同時に処理し、そのなかの6個の目標を同時攻撃する伝家の宝刀が、射程150kmのフェニックスAAMであります

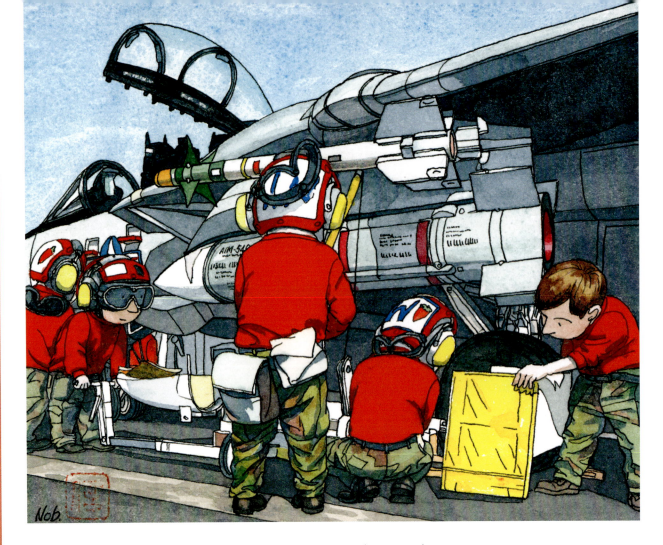

グラマン F-14A トムキャット（1970）

Grumman F-14A Tomcat

2015年7月号(Vol.104)掲載

　艦上戦闘機の老舗、グラマン社の猫シリーズのしんがりは'70年1月21日に初飛行に成功したF-14Aトムキャットです。その開発はまだベトナム戦争が継続中の東西冷戦時代、'69年1月15日に始まりました。トムキャットはF-111やソ連のTu-22M バックファイアで搭載された可変翼を引き継ぎ、また最大で6発の長射程空対空ミサイル、AIM-54A フェニックスを搭載し複数の目標を同時に攻撃できる艦隊防空戦闘機でした。

　トムキャットファミリーは最初の量産型であるA型と、エンジン・パワーアップ型の当初Aプラスと呼ばれたB型。エンジンを換装するとともにアナログ電子器材が更新されたD型です。またその間、フェニックスも白色で塗装されたAIM-54Aから、グレーに塗られたAIM-54Cプラスに進化しています。F-14Dが装備するフェニックスはこのAIM-54Cプラスのみだそうです。

　F-14A トムキャットの実戦配備は'73年7月のVF-1ウルフパックが最初ですが、フィリックス・ザ・キャットをマスコットにし、トムキャッターズというスコードロンニックネームをもつVF-31が、F-14A トムキャットを受領したのは'80年から'81年にかけてでした。またVF-31は1992年半ばにVF-11 レッドリッパーズとともにF-14Dを受領した最初の実戦部隊となりました。

　F-14 トムキャットにはその後、A-6F イントルーダー攻撃機の引退による空母航空団の打撃力低下を補完するために、F-14A/B/Dを改修しての対地攻撃能力が付与されました。これらの改造を受けた機体は通称"ボムキャット"と呼ばれています。本来想定されていた使い道とは異なりますが、これらの機体はイラクやアフガンでの戦争にも参加しました。なので、トムキャット最後の戦闘は'06年2月7日に行なわれたVF-31のF-14D ボムキャットによる爆弾投下ということになります。■

Grumman F-14 Tomcat

◀F-14 トムキャットは1995年9月5日のボスニア・ヘルツェゴビナへの爆撃から誘導爆弾で精密攻撃ができる戦闘爆撃機"ボムキャット"として地上攻撃に投入されました。"ボムキャット"が最後に爆弾を投下したのはVF-31「トムキャッターズ」に所属するF-14Dです。ビル・フランク大尉が操縦し「フィリックス」君がイラクのバラド付近に運んだ爆弾は500ポンド(268.8kg)のGBU-38/Bでした

▶VB-2Bは1930年にVF-6B(第6戦闘飛行隊)に部隊名が変更され、1936年にはグラマンF3F-1戦闘機が配備されました。F3Fには"猫"属の愛称はありませんが操縦席側面にはVB-2Bから受け継がれたマスコット「フィリックス・ザ・キャット」のシンボルマークが描かれた最初のグラマン艦上戦闘機となりました

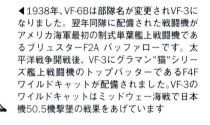

◀1938年、VF-6Bは部隊名が変更されVF-3になりました。翌年同隊に配備された戦闘機がアメリカ海軍最初の制式単葉艦上戦闘機であるブリュスターF2A バッファローです。太平洋戦争開戦後、VF-3にグラマン"猫"シリーズ艦上戦闘機のトップバッターであるF4Fワイルドキャットが配備されました。VF-3のワイルドキャットはミッドウェー海戦で日本機50.5機撃墜の戦果をあげています

▶VF-31(第31戦闘飛行隊)「トムキャッターズ」のマスコットキャラクター「フィリックス・ザ・キャット」は戦闘飛行隊なのになぜか火のついた爆弾を運んでいます。その理由はVF-31のルーツが爆撃飛行隊VB-2Bだったからです。VB-2Bは1928年にボーイングF2B-1艦上戦闘機を持って空母CV-3 サラトガに所属する飛行隊として開隊しました。ボーイングF2B-1は2挺の機銃を装備し、25ポンド爆弾(11.34kg)を5発搭載できました

マクドネル・ダグラス F/A-18 ホーネット（1978）

McDonnell Douglas F/A-18 Hornet

2014年5月号(Vol.97)掲載

　現用アメリカ海軍空母艦載機で、戦闘・攻撃・電子戦を担うのが、F/A-18 ホーネット/スーパー・ホーネットと、その派生型のEA-18G グラウラーです。

　ホーネットの誕生の端緒は、アメリカ空軍の軽量戦闘機(LWF)計画と、それを実用戦闘機に発展させ高価すぎるF-15を補助する、Hi-Loミックス(混用)構想の空戦戦闘機(ACF)計画でした。ノースロップ社はモデルP530 コブラを小型化したYF-17で、ACFの比較飛行審査に臨みましたが、ジェネラル・ダイナミクス社のYF-16に負けました。F-14 トムキャットを配備中のアメリカ海軍も事情は同様で、海軍のHi-Loミックス構想、海軍空戦戦闘機(NACF)計画が、YF-17vsYF-16の第2ラウンドとなりました。ノースロップ社は海軍機の経験豊富なマクドネル・ダグラス社(MDC)と組み提案した、MDCモデル267(ノースロップP630)が採用され、こうしてコブラはF/A-18 ホーネット(スズメバチ)になったとさ。めでたしめでたし……。残念ながら主契約社となれなかったノースロップ社が担当する予定の派生型、陸上型F/A-18L コブラⅡは幻に終わっています。

　ホーネットは海軍の仕様を満たすため、YF-17より大型となり、結果的にはP530と同じくらいのサイズとなりました。F-4戦闘機とA-7攻撃機を1機にまとめて代替できるという戦闘・攻撃機として産み出されたF/A-18 ホーネットの全規模開発用機は、'76年1月22日に11機発注され、その1号機は'78年11月18日に初飛行しました。ハチ類の中でももっとも獰猛と言われるスズメバチの名を冠された機体は進化を続け、'95年には改良強化型であり各部がほとんど別物となったF/A-18E/F スーパーホーネットが、'06年8月15日にはスズメバチの亜種、EA-18G グラウラー電子戦機が初飛行しました。また、製造元の都合に伴い、'97年8月以降のホーネット種の繁殖地はMDCの吸収合併先のボーイング社に移りました。　■

McDonnell Douglas F/A-18 Hornet

◀F-5A フリーダムファイターで成功を収めたノースロップ社では、1966年から次世代戦闘機の研究をはじめ、1971年には、主翼のつけ根から長く延びる、コブラの鎌首を連想させる前縁ストレーキ(LEX)をもつところから"コブラ"と命名された、モデルP530のモックアップを公開しました

▶モデルP530 コブラを、小型に再設計したモデルP600をベースにしたノースロップYF-17は、技術研究用機だったため、武装は20mmM61機関砲と赤外線誘導のサイドワインダーAAMだけ、レーダーも測距用のものでした。YF-17の1号機は1974年6月9日に、2号機は同年の8月21日にそれぞれ進空しました。YF-17の機首のイラストはコブラです

◀マクドネル・ダグラスF/A-18 ホーネットは、YF-17と空力的外形は似ていますが、任務が全天候戦闘/攻撃となったため、機関砲はバルカン砲に、ミサイルはAIM-7スパローを2発常用、Mk82爆弾を10発携行して攻撃ミッションをこなします。ホーネットの契約は、海軍機の豊富な実績を持つマクドネル・ダグラス社が主となり、戦後の海軍機にまったく実績のないノースロップ社は、協力社に甘んじました。当初戦闘機型をF-18A、攻撃型をA-18Aと命名し、両社を一括して呼ぶ場合の呼称がF/A-18でした

▶ボーイングEA-18G グラウラーは、複座のF/A-18F スーパーホーネットから派生した、グラマンEA-6B プラウラーの後継機です。グラウラーの電子妨害士官は、座席がひとつしか確保できないこともあり、プラウラーの3名から1名に減員され、任務をこなすシステムとなっています。グラウラーという通称は前任の名称プラウラーにEA-18Gの「G」をかけたというオヤジギャグのような産物です

F-16 サンダーバーズ（1953〜）

F-16 Thunderbirds

2005年7月号(Vol.44) 掲載

　サンダーバーズは'53年5月25日にアリゾナ州のルーク空軍基地で創設された、アメリカ空軍初の飛行デモンストレーション・チームであります。初代使用機はF-84Gサンダージェットでした。サンダーバーズというチームの愛称の由来は、アメリカ先住民族の伝説の鳥によります。その鳥はサンダーバードと呼ばれ、その巨大な翼は雷を起こし、羽ばたけば稲妻が走ると古くから言い伝えられてきました。まさに、ドンピシャのニックネームであります。さらに、サンダーバーズの無塗装銀地に赤白青の塗装はアメリカ国旗だけではなく、アメリカ先住民族が伝説の鳥サンダーバードを描くときの3色でもありました。

　2代目使用機はサンダーストリークが務めました。そして3代目使用機がF-100Cスーパーセイバーです。胴体下面のサンダーバードのモチーフは、'58年に本機に描かれたのが最初でした。'59年10月から12月にかけて、サンダーバーズは極東ツアーを実施しました。しかしF-100Cは給油プローブが未装備のため太平洋横断はできません。そこで代役に当時、福岡県の板付基地に展開していた18TFWのF-100Dに白羽の矢が立ち、急遽塗装が施されサンダーバーズに変身させられたのです。この時の飛行展示は日本初のジェット機による公式アクロバット飛行でした。

　サンダーバーズの使用機が全面を白で、その上に赤と青のチームカラーが塗られるパターンは6代目の使用機であるF-4ファントムからでした。このパターンは8代目の使用機になるF-16にも引き継がれています。そんなF-16サンダーバーズが極東ツアーで10年ぶりに昨年('04年)来日しました。しかし、飛行展示日のすべてが天候に恵まれず、フルショーを実施することはできませんでした。雷や稲妻を呼ぶという神通力の持ち主である伝説の鳥にすれば、雨雲くらいはお茶の子さいさいだったのかもしれませんが……。■

ベルUH-1D イロコイ（1956）

Bell UH-1D Iroquois
2010年7月号(Vol.74)掲載

　第二次世界大戦末期にヨーロッパと太平洋の戦線で連絡や観測に使用されたヘリコプターは、実用化されたとは言え、まだ遠くまで飛べませんでした。その後'50年6月に始まった朝鮮戦争では、搭載量、航続力が実戦で活動できるまでに成長し、偵察・観測・救出・輸送等の任務に就いています。そしてベトナム戦争では「ヘリコプターの戦争」と思われるほどあらゆる戦いの局面に登場しました。そんなヘリたちの中でも、アメリカ陸軍初のタービン機である汎用ヘリコプター、ベルUH-1はそれを代表する存在です。

　原型はXH-40、生産型では制式名称がHU-1 イロコイに変わりました。イロコイはアメリカ陸軍のヘリコプター命名方式に則り、アメリカ先住民の族名から採用されています。イロコイ族は現在で言うニューヨーク州に住んでいたインディアンだそうです。'62年にはHU-1の名称はUH-1に改称されましたが、イロコイの名称よりも就役当時の名称HU-1をもじったヒューイの名の方が広まっており、本機から派生した攻撃ヘリAH-1の名称はヒューイコブラとなっています。UH-1には初期型のA型、キャビンを大型化したB型、AH-1に繋がるC型、B型の胴体を延長し、歩兵1個分隊12名がまとまって行動ができるようになったD型、さらにその発達型H型があります。

　UH-1一族はベトナム戦争に於て、神出鬼没の北ベトナム正規軍／南ベトナム解放戦線のゲリラ部隊に対して、素早く飛んでいって急襲し、短期間で殲滅、すぐ兵士を回収して迅速に撤収するという、さながらモグラたたきのような空中挺身作戦を展開。最盛期にはその数は2000機以上に上りました。この落下傘降下に代わるヘリコプター輸送による空挺作戦は、'56～'62年のアルジェリア戦争の初期にフランス軍によってその定型ができたそうです。ちなみにHU-1Bは陸上自衛隊でも採用され、その愛称は"ひよどり"でしたが、この名称の知名度はイロコイにも遠く及ばぬものでありました。■

ミコヤン・グレビッチ MiG-15 ファゴット（1947）

Mikoyan-Gurevich MiG-15 Fagot
2016年1月号（Vol.107）掲載

　MiG-15は朝鮮戦争でB-29やマスタング、セイバーと大立ち回りを演じたソビエト空軍の大看板であります。'46年3月に当局から出された新戦闘機の要求仕様では西側戦略爆撃機の邀撃が第一任務とされ、最大速度マッハ0.9。大口径の機関砲を備え高度1万mまで急速上昇し、高度1万1000mでも良好な戦闘運動性を持ち、さらには草地からの作戦も実施でき、対空哨戒は1時間という後退翼の戦闘機でした。

　当時ソ連の最大出力のジェットエンジンはドイツ由来のRD21（推力1000kg）だけでしたので、当初MiG-15はRD21の双発案で進められました。そんな折に射した光明が、戦勝国でありながら膨大な対外債務を抱えたイギリスと'46年に締結された英ソ交易協定です。これで高出力ジェットエンジン、ロールス・ロイス社のニーン（推力2250kg）の入手のめどがついて、Mig-15はニーン到着前に単発型に設計変更されました。ところがニーンが'47年に到着してみると、エンジンの寸法があいません。そこで胴体のエンジンスペースを確保するために燃料タンクなどをやりくりして、はやくも'47年12月30日には初飛行に成功しました。

　'50年11月1日午後、中朝国境のヤールーガン（鴨緑江）岸のシンユジュ（新義州）飛行場上空を旋回していたアメリカ空軍のP-51 マスタングに、ヤールーガンを越えて高速で突進してきた後退翼の小型機がありました。その正体は噂のMiG-15、開発元であるソ連空軍の機体ではなく、中国義勇軍に所属する機体でした。MiG-15は以後、開発目的の通り戦略爆撃機B-29を蹴散らして邀撃戦闘機として成功を納め、朝鮮戦争でレジェンドとなった"ミグ"は以降ソ連戦闘機の代名詞となりました。ミグと同じニーンのライセンス生産エンジンを装備したのがグラマンF9F パンサーです。パンサーは'50年11月7日、シンユジュでMiG-15を撃墜。これはアメリカ海軍初のジェット機撃墜の記録です。■

Mikoyan-Gurevich MiG-15 Fagot

▶「ミグ(MiG)」はアルテム・イワノビッチ・ミコヤン(右)とミカエル・ヨホビッチ・グレビッチ(左)が率いる設計局です。設立は1939年、その第一作が同年のI-15、I-16に代わる新戦闘機の試作コンペに応募したI-200、後のMiG-1です。アルテム・ミコヤン(1905-1970)は、航空機設計者ヤコブレフによると、コーカサスはアルメニアの山間部の生まれ育ちゆえ、子供の頃飛行機に出会う機会がなかったという、ソ連の高名な設計者のなかにあって希有な存在であるといっています

▶ミコヤン・グレビッチ・チームの最初のジェット戦闘機が1946年4月24日に初飛行成功したMiG-9です。その原型は第2次大戦末期、ドイツのソ連占領地区からソ連に持ち帰った戦利品であるBMW003A(推力800kg)を2基装備したI-300(F)です。量産型ではエンジンはBMW003Aを国産化したRD-20になりました。MiG-9は約470機製作され、ソ連最初の本格的ジェット戦闘機の開発者、ミコヤンは「スターリン賞」を受賞しています

◀Mig-15の試作1号機は着陸時に墜落し失われましたが改良された試作2号機は、試験飛行でライバルのヤコブレフやラボーチキンの機体を上回る性能を示しました。しかし、旋回中に翼端失速し回復不能のスピンに入ってしまうという安定性や操縦性に問題点がありました。しかし戦力化を急ぐソビエト空軍の方針が「習うより慣れろ」。これらの欠点を特性と捉え、早急に複座型練習機MiG-15UTIを開発してパイロットに慣熟させることで克服してもらう方針がとられました。MiG-15UTIでは操縦席後方に教官席を増設したタンデム式複座練習機で世界初(?)の後退翼ジェット練習機であります

▶「鉄のカーテン」の向こう側で開発されたMiG-15の詳細は、1950年11月1日の衝撃デビュー以来長い間不明でしたが、朝鮮戦争休戦が成立した1953年7月27日の3ヵ月後の9月21日、キンポ(金浦)飛行場に1機のMiG-15が着陸しました。北朝鮮のノ・クムソク(盧今錫)大尉の亡命事件であります。ここは交戦中の地域のため返還する必要がないので機体はさっそく「グローブマスター」に積んで沖縄の嘉手納基地に運ばれ飛行テストが行なわれました。アメリカに亡命したノ・クムソク大尉は10万ドルの小切手と自由を手に入れ、アメリカはMiG-15の完全な性能情報を手に入れました

ソビエト連邦／ロシア連邦 Union of Soviet Socialist Republics／Russian Federation

ツポレフ Tu-16 バジャー (1952)

Tupolev Tu-16 "Badger"
2010年3月号(Vol.72)掲載

　ツポレフTu-16 バジャーは東西冷戦の時代、日本海や太平洋の日本沿岸沿いを南下しての電波情報収集活動や、レーダーサイトへの模擬攻撃の飛行パターンを取り、その都度航空自衛隊の要撃機がスクランブルをかけたという、まさに日本をいらつかせる存在でした。

　ツポレフTu-16 バジャーはボーイングB-29のカーボンコピー、ツポレフTu-4の後継機として開発され、'52年3月3日に原型機Tu-88が初飛行に成功したソ連初の後退翼ジェット爆撃機です。ミサイル搭載型や偵察および電子戦型などの発達型があります。また中国では轟炸6の名でライセンス生産され、'87年12月にはイラクに4機輸出されてイラン・イラク戦争で使用されました。

　'77年、能登半島沖でスクランブル発進した航空自衛隊のF-86Fセイバーによって撮影されたバジャーには、左主翼下のパイロンに新型の空対地ミサイルKSR-5(西側コードネーム、AS-6キングフィッシュ)が搭載されていました。これが西側陣営に知られていなかった、射程240km、最大速度3200km、弾頭重量900kgのキングフィッシュの最初の目撃例となりました。'80年6月には佐渡の北、約110kmの沖合で航行中の海上自衛隊の輸送艦LST4103 ねむろ1480トンの近くに、超低空で飛来したバジャーが海面に接触して墜落、乗員3名の遺体がねむろに収容されるという事故が発生しています。

　ついにバジャーは'87年2月、大胆にも沖縄本島と奄美諸島の徳之島・沖永良部島間で領空を侵犯。スクランブルした航空自衛隊の那覇基地第302飛行隊のF-4EJは、再三再四領空外退去警告をしましたが応じなかったため、航空自衛隊初の実弾警告射撃を実施しました。この件のバジャーの飛行は、悪意のない単なる航法ミスというのがソ連側の発表でした。カエルの面になんとやらという言い草ですが、まもなくソ連という国はなくなりロシアとなりました。　■

ミコヤン Mig-25P フォックスバット(1964)

Mikoyan-Gurevich MiG-25P Foxbat

2011年3月号 (Vol.78) 掲載

　'76年に開かれたアメリカ上院の公聴会で、ロッキード・トライスターの日本への売り込みに際し、賄賂を撒いたという証言で疑惑が明るみに出たのがロッキード事件です。この騒動のさなかの9月6日午後1時50分、函館空港に突如飛来したのが、西側への亡命を求めるベレンコ中尉の乗機、ソ連の最新鋭機MiG-25 フォックスバットです。この時、小生は某雑誌主催のリノ・エアレース観戦ツアー参加者のひとりとして、羽田空港の出国ロビーでテレビの函館からのライブ中継に見入っていました。

　MiG-25の存在が西側に知られたのは、'67年7月9日、モスクワ近郊のドモデドモ空港で開催された航空ショーで、'65年から次々と速度/高度記録を樹立していた謎の機体Ye-155(MiG-25の試作機名)4機が会場上空を高速パスした時です。クリプトデルタ翼を高翼配置し、二次元型可変空気取入口を持った機体は、西側に大きなショックを与えました。'70年1月にはエジプトにソ連から派遣されたMiG-25偵察機がイスラエル占領下のシナイ半島の偵察飛行を行ない、この活動をモニターした西側情報によるとマッハ3.2の高速を発揮していたそうです。

　この亡命事件は、MiG-25の情報を渇望していた西側にとっては棚からぼた餅の好事でありました。MiG-25の調査は、自衛隊とアメリカ空軍の「ミグ屋」と呼ばれる外国の軍事航空技術の専門家との共同調査となりました。機体は分解され、百里基地までアメリカ空軍から提供されたロッキードC-5ギャラクシーで空輸されました。この飛行に際しては、ソ連が敵の手に落ちた最新鋭機をC-5ごと撃墜しに来るとの情報から、千歳基地と百里基地のF-104Jがエスコートに付いたそうです。事件後、アメリカ空軍からC-5のチャーター料1200万円也の請求書が自衛隊に届いたそうですが、こちらは自衛隊が600万円を支払うことで落着したとか。

■

スホーイ Su-27 フランカー(1977)

Sukhoi Su-27 Flanker

2016年5月号(Vol.109)掲載

　ロシアの現用戦闘機は進化し続けるSu-27シリーズとMiG-29シリーズのハイ・ロー・ミックスで構成されています。大型のSu-27 フランカーの開発は当時アメリカが開発中だった高性能戦闘機群、F-14/-15/-16に対抗する迎撃と制空戦闘両用の先進前線戦闘機(PFI)計画として、'69年にはじまりました。Su-27の原型機T-10-1フランカーAの機体形態は、F-14と同じナセル配置で、主翼配置はF-15、F-16のようなストレーキがありました。初飛行は'77年5月20日です。

　試験飛行で制御面に大きな問題があることが判明した結果、大幅に設計変更された改良型、新生T-10S-1(試作7号機)が製作され'81年3月20日に進空しました。量産型であるフランカーBの原型機です。フランカーBは'89年のパリ航空ショーでは大仰角での飛行、プガチョフ・コブラを披露し、その優れた操縦性能は西側諸国に強い衝撃を与えました。

　またこの前後、'86年から'90年にかけて記録機として初期量産型初号機から不要の装備を取り外したP-42は過重高度記録に挑戦し、計41の世界記録を樹立しています。これはそれまでF-15が保持していた6つの上昇記録のうち、5つを塗り替える快挙でした。

　そんな高性能機であるフランカーBの標準的な空対空兵装は、中距離用はリボン型翼面がカワイイR-27(AA-10 アラモ)と短距離用のR-73(AA-11 アーチャー)を組み合わせた計10発です。そんなフランカーBの輸出型が、一部の電子機器をダウングレードしたSu-27SKです。中国ではこの機体を殲撃(J-11)の名称でライセンス生産しており、J-11は2016年2月23日に、中国がパラセル(西沙)諸島のウッディ島(永興島)に配備していることが明らかになりました。フランカーには"ペテン"という意味もあるようですが、この機体のロシア側の愛称はジュラーヴリク(鶴)だそうです。フランカーBの近代化改修機の呼称はSu-27SMです。

Sukhoi Su-27 Flanker

◀スホーイSu-27の原型機スホーイT-10-1は1978年には西側の知ることとなった、当初Ram-Kと呼ばれていた謎の双発・双発翼の戦闘機です。1977年に初飛行したT-10-1（のちにフランカーAに区分）の機体形態は、実用型フランカーBと異なり主翼平面型は滑らかなカーブを描くオージー型でした

▶前脚は後方へ折れ曲がり機首に収納される方式でした。主脚扉はエアブレーキを兼務しており垂直尾翼はF-14 トムキャットのようにナセル中央に設置され、ナセルをつなぐ機体後部は平板でSu-27シリーズの特徴のひとつ、ビーバー・テイルはまだ成長途中の短いものでした。全幅12.7m、全長18.5mで離陸重量は1万8000kgのF-15似の大型機でした

◀原型機T-10は制御面に問題があり試験飛行中に少なくとも1件のパイロットが死亡する墜落事故を起こしたようで、その結果大幅に再設計されることとなりました。主翼平面型はオージー翼からF-15のような単純な後退翼に、垂直尾翼はナセルの中央部からナセルの外側に設けたアウトリガーの外側に移設、前脚も前方折りたたみ方式となってフランカーBに生まれ変わりました。過重高度記録機 P-42は、フランカーBの初期量産型初号機の改造機です。機体は重量軽減のため無塗装のままで、垂直尾翼先端のアンテナ類やナセルの間にあるビーバー・テイル、固定武装30mm機関砲や可能な限りの内部装備も取り払い、なんやかんやダイエットで離陸重量は2万2000kgから1万4120kgになったそうです

▶スホーイSu-27 フランカーBには兄弟機、空母に搭載するSu-33Kがあります。そのルーツは1984年に初飛行したSu-27に着艦フックをつけたSu-27Kです。本格的海軍仕様機Su-33Kは、1987年8月17日に初飛行し、ロシア唯一の現用空母 アドミラル・クズネツォフ（旧称 トビリシ）で1989年11月1日から運用試験がはじめられました。着艦フックを装備し、主翼は上方おりたたみ式で水平尾翼までも上方おりたたみ式になった量産型Su-33K フランカーDの初飛行は1990年です。なおフランカーシリーズのトレードマークであるビーバー・テイルは空母での運用を考慮して短縮されました

ソビエト連邦／ロシア連邦 Union of Soviet Socialist Republics／Russian Federation

スホーイ Su-33 フランカーD（1987）

Sukhoi Su-33 Flanker-D

2010年11月号(Vol.76)掲載

　フランカーDのNATOコードを持つスホーイSu-33は、スホーイSu-27 フランカーから派生した艦上戦闘機型です。Su-27 フランカーの歴史は、'72年にソ連が開発を決めたT-10に始まります。T-10は'77年に初飛行に成功し、'78年にはモスクワ近郊のラメンスコイエにあるテストフライトセンターにその姿を見せたことにより、NATOコード「Ram-K」を賜っています。しかし、T-10の性能は計画された値に達せず、大幅な再設計後の試作7号機T-10Sが、'81年に初飛行に成功してSu-27 フランカーの原型となりました。その設計は一見F-14のようなエンジンナセルの配置、F-15のような主翼、F-16のようなストレーキと西側の機体を多分に意識したものでしたが、その性能は西側機を大きく凌ぎ、多くの発展型を誕生させています。

　なかでもスホーイSu-33 フランカーDは当初Su-27Kと呼ばれ、短距離離陸と運動性の向上のために、ストレーキにカナード翼が追加され、降着装置の強化と主翼ばかりでなく尾翼にも折り畳み機構が取り入れられて、ロシア海軍唯一の航空母艦アドミラル・クズネツォフの艦上戦闘機として量産型が24機製作されました。

　Su-27にはNATOの勝手な命名で、ラグビーのフォワードの第2列の両翼を守るポジション名であるフランカーの名を与えられましたが、Su-27のロシア側の愛称はジュラーヴリク（鶴）だそうです。そんなスホーイSu-27 フランカーが隠していた技が、テストパイロットであるヴィクトル・プガチョフによる'89年のパリ航空ショーでの衝撃デビューでの決め技「プガチョフ・コブラ」です。これは飛行中にいきなり機首を引き上げて機体を縦に向け、そのまま失速することなくまた普通の水平飛行に戻るというものです。スホーイSu-33 フランカーDの試作機で、'89年に空母への初の着艦にも成功したヴィクトル・プガチョフは、その後の発艦テスト後にプガチョフ・コブラも披露したそうです。■

スホーイ Su-34 フルバック(1990)

Sukhoi Su-34 Fullback

2011年11月号(Vol.82)掲載

　スホーイ Su-27 フランカーのシリーズの中でも異彩を放つのが、NATOコードでフルバックと呼ばれる長距離航空阻止攻撃用の戦闘爆撃機スホーイ Su-34 であります。本機は艦載機Su-33のための並列複座練習機Su-27KUB(Su-33UB)をベースに空軍向けにスホーイSu-24 フェンサー前線爆撃機の後継機として開発された機体で、試作1号機の初飛行が1990年4月13日という、なかなかのベテラン機です。

　フルバックの外見的な特徴は、大幅に設計変更された機首部に集中しています。並列複座となったコクピットは17mmのチタン材で装甲され、左に操縦士、右に兵装システム士官が搭乗し、操縦装置は左右に備えられ、どちらでも操縦できます。また長距離航空阻止攻撃という任務の性格上、必然的にクルーには長時間の作戦を強いるため、クルーは座席を離れ後部に設けられたトイレを利用でき、調理室では持ち込んだ機内食を暖められ、仮眠だってとれます。

　Su-27KUBの円形だったレドームは扁平に改設計され、フランカーが西側より早く実用化した電子光学式照準装置(IRST)は廃止となりましたが、カナードは引き継がれています。機首形状の変更により垂直尾翼の面積が増加し、降着装置は前脚がダブルタイヤに、主脚の車輪はタンデム化され、その特異なシルエットから、名付けられた愛称がカモノハシを意味するプラティパスでした。

　プラティパスは固定武装に30mm機関砲を備え、また主翼と胴体の下にSu-33と同じ12のハードポイントを持ち、新世代ASMや各種の爆弾を搭載できる他、自衛用に短射程のAAMUなど最大8000kgが搭載できます。一時期、発射レールを逆向きに設置し、短射程のR-73 アーチャーの発射テストを行なったプラティパスはなかなかの知恵者でもあります。'95年にはパリ航空ショーでプラティパスの洋上哨戒、攻撃モデルSu-32が西側に初お披露目されました。

スホーイ T-50-1 PAK FA（2010）

Sukhoi T-50-1 PAK FA

2014年1月号（Vol.95）掲載

　'11年8月のモスクワ航空ショー（MAKS2011）において、ロシア初の第5世代戦闘機であるPAK FA（前線航空軍向け将来型航空機コンプレクス）の試作機、スホーイT-50ステルス機のデモ飛行が披露されました。突如としての衝撃デビューであります。

　PAK FAの血脈は、ソ連時代の'81年に開始されたMiG-29やSu-27の後継機を選定する、第5世代戦闘機I-90計画のMFI（多用途戦闘機）に繋がります。スホーイのS-32案を破りMFIに選定されたミコヤンのMiG1.42案ですが、間もなく不運なことにソ連が'91年に崩壊してしまい、計画は'98年にキャンセルとなりました。その後ミコヤンは、自社資金でMiG1.44を製作し'00年2月29日に進空させましたが、こちらもそれまでとなっています。一方、スホーイもS-32から発展させたSu-47（S-37）を自前で製作し、'97年に進空させましたが、こちらもここまでで終了。すでにアメリカでは、ATF（先進戦術戦闘機）と呼ばれる第5世代戦闘機の開発に'81年には着手しており、大きく遅れを取りました。

　しかし'01年、「強いロシア」を掲げるプーチン大統領の第5世代戦闘機計画の復活宣言で、情勢が変わりました。再度ミコヤン、スホーイ、ヤコブレフでPAK FA計画が競われ、前記のごとくスホーイのT-50案が採用されました。戦闘機計画の復活から10年ほどで、世界に向けてデビューしたことになります。スホーイ設計局では後退翼の試作機にはS（ストレロヴィドーニェ：矢形）、デルタ翼の試作機にはT（トレウゴルノーイェ：三角形）で始まる呼称がつけられています。またT-50の生産は、敗れたミコヤンとヤコブレフも各15％の比率で参加するという、スホーイを頂点とするデルタ・トロイカ体制で進められているそうです。本機は開発パートナーとしてインドも提携しており、さしずめインド向けのT-50は、カレー風味の"トロ・いか"と言ったところでしょうか。■

Sukhoi T-50-1 PAK FA

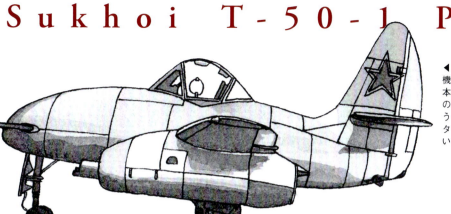

◀スホーイのジェット戦闘機の第1作は、試作機が1946年8月14日に初飛行したSu-9です。本機はドイツのメッサーシュミットMe262の模倣であり、独創性を欠くものだとされ、もう一歩だった量産への移行も、1946年末にスターリンによって拒否されました。これに続いたのが設計局の閉鎖であります

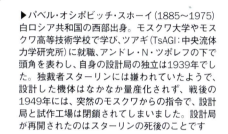

▶パベル・オシポビッチ・スホーイ(1885〜1975)白ロシア共和国の西部出身。モスクワ大学やモスクワ高等技術学校で学び、ツアギ(TsAGI：中央流体力学研究所)に就職、アンドレ・N・ツポレフの下で頭角を表わし、自身の設計局の独立は1939年でした。独裁者スターリンには嫌われていたようで、設計した機体はなかなか量産化されず、戦後の1949年には、突然のモスクワからの指令で、設計局と試作工場は閉鎖されてしまいました。設計局が再開されたのはスターリンの死後のことです

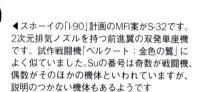

◀スホーイの「I-90」計画のMFI案がS-32です。2次元排気ノズルを持つ前進翼の双発単座機です。試作戦闘機「ベルクート：金色の鷲」によく似ていました。Suの番号は奇数が戦闘機、偶数がそのほかの機体といわれていますが、説明のつかない機体もあるようです

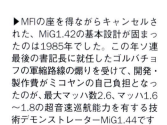

▶MFIの座を得ながらキャンセルされた、MiG1.42の基本設計が固まったのは1985年でした。この年ソ連最後の書記長に就任したゴルバチョフの軍縮路線の煽りを受けて、開発・製作費がミコヤンの自己負担となったのが、最大マッハ数2.6、マッハ1.6〜1.8の超音速巡航能力を有する技術デモンストレーターMiG1.44です

ミル Mi-24V ハインドE (1969)

Mil Mi-24V "Hind-E"

2014年11月号(Vol.100)掲載

　ミルMi-24 ハインドは、開発のスタートが'67年頃とされるソ連初の本格的な武装攻撃ヘリコプターです。開発コンセプトは、強力な火器を用いて敵地上部隊を空中から攻撃・掃討した上でキャビン内に同乗している兵員をそこに降ろすという、侵攻輸送ヘリとそれを援護する護衛ヘリの能力を兼ね備えたヘリというものでした。

　ハインドの動力系は、ソ連の主力侵攻輸送用双発タービン・ヘリMi-8 ヒップのものが流用され、主ローターは高速化を狙って直径が4.25m短縮されました。ダウンウォッシュを避けるため下反角がつけられた胴体左右のスパン7.4mの短固定翼は優れもので、巡航時に25％の揚力を発生させます。この短固定翼に左右各3ヶ所ある火器装着ポイントは、内側の2ヶ所のパイロンには52mmロケット弾ポッド、または250kg爆弾やミサイルを、翼端には対戦車ミサイル4基が搭載できます。また機首には12.7mm4銃身ガトリング機関銃が装備されています。最初の量産型であるハインドAは、平面ガラスで構成された角張ったコクピットで、前席に射手、その後方に正副操縦士が並列に乗り込みキャビン内に8名の武装兵士が同乗するというレイアウトでした。敵地上部隊を制圧し、また対空攻撃を避けるためにアクロバティックな飛行をするハインドAのキャビン内の兵士にとっては、戦意を失うほどの苦行の待機時間が想像されます。

　コクピットが前席射手、後席操縦士の独立したキャノピーのタンデム配置となったのは'74年に進空した、兵員輸送機能を持たないハインドDからです。本機は長らく続いたソ連によるアフガニスタン侵攻でハインドAとともに戦いました。が、'86年にパキスタンに降伏してきたハインドDを1機CIAが入手し、その弱点や手の内を反政府側に伝えたため、敵地上部隊のスティンガー対空ミサイルにより返り討ちに遭う機体が続出。大損害を被ったそうです。■

Mil Mi-24V "Hind-E"

◀ミルの第1号ヘリコプターGM-1は、そのまま1951年にはミルMi-1名称で量産に入った、ソ連最初の実用ヘリコプターです。1955年からMi-1は、ポーランドでもSM-1と改称されて製造されました。また1961年には政府高官の専用機として、キャビン内部を分厚い壁で防音されたデラックス型、Mi-1 モスコビッチが少数作られています。ミルMi-1のNATOコードネームはヘアです

▶シベリアのイルクーツク生まれのミハイル・L・ミル（1909〜1970）は、1929年からニコライ・I・カモフの指導のもと、ソ連最初のオートジャイロ、KaSKR-1の設計に携わり、大戦中は上級技師として、TsAGI A-7bisオートジャイロ開発に関わったというオートジャイロの専門家です。ミルがヘリコプター設計局の責任者となったのは戦後の1947年、1948年には2〜3人乗りの連絡用レシプロ単発ヘリコプターGM-1の設計に入り、同年の9月頃に初飛行に成功しました

◀1979年のクリスマスに始まり1988年4月14日まで続いたアフガン戦争で、反政府のムジャヒディンのゲリラは、アフガニスタン軍のMi-8 ヒップの動力系を取り除いたドンガラ（胴体部）を、貨物自動車に載せた「Mk.1ミルMi-8バス」を人員輸送用に使用していました

▶Mi-24 ハインドに動力系を提供したMi-8 ヒップは、その昔、日本の空を飛んでいました。朝日ヘリコプターが旅客輸送にと、公式手続きで入手した西側初のソ連製ヘリコプターです。キャビンの窓を丸型から角型に改められたヒップの旅客輸送型は、西側の同クラスのタービン双発ヘリコプター（バートル107）に比べて、半値以下というお得な価格が魅力でした。ところが、ソ連と日本（西側諸国）の設計基準が異なり、日本の基準に合致するように大改造が行なわれましたが、それでも足りず、1980年5月19日付で得られた耐空証明は、旅客輸送は罷り成らぬ、が貨物輸送だけならOKというもので、運用は「捕らぬ狸の皮算用」となりました

ソビエト連邦／ロシア連邦 Union of Soviet Socialist Republics／Russian Federation

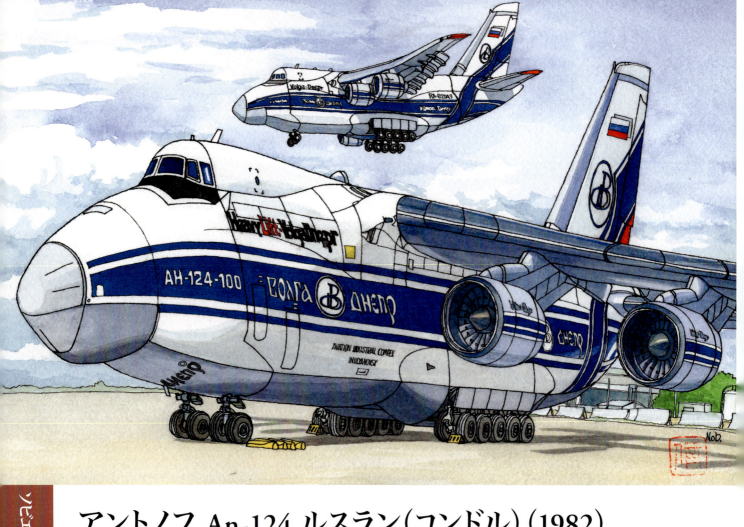

アントノフ An-124 ルスラン(コンドル)(1982)

Antonov An-124 Ruslan(CONDOR)

2006年5月号(Vol.49)掲載

　昔から大型飛行機の中でトップクラスの飛行機を巨人機と呼んでいますが、その本家はロシアの飛行機です。ロシアの地は革命でソ連と国名が変わってからも巨人機が数多く出現し、ツポレフANT-20八発単葉機であるマキシム・ゴーリキー号などの珍種を生み出しました。

　戦後も彼の地では、Tu-114／Tu-20属やTu-160、An-22などを始めとして多数の巨人機が作られました。80年代に入って新種の巨人機出没の噂が立ち、この時、1枚の写真の公表もないままにNATO軍が与えたコードネームが「コンドル」です。'85年のパリ航空ショー会場への飛来が西側への初お目見えとなった新種巨人機の制式名は、アントノフAn-124 ルスラン(ルスランはソ連の文学と音楽の民族的英雄です)。T型尾翼でないことを除くとロッキードC-5Aの亜種のような機体でした。胴体構造はC-5と同様2階建てで、1階の主貨物室の前後には貨物扉を持ち、機首の扉は上方に開くワニ口形とC-5とよく似た構成となっています。またAn-124の前脚はタイヤがダブルなだけでなく、非舗装飛行場での運用を可能にするために前脚自体がダブルという、変わった構造となっています。ルスランは'85年7月26日にペイロード17万1219kgを搭載し、高度1万750mに到達するというFAI国際航空記録の樹立を始め、C-5の記録を数々破ったマッチョ飛行機です。また、自衛隊のイラク派遣に際しては各種資材や重機、車両などの空輸をチャーターされたAn-124が担いました。

　'88年1月30日、キエフで一般公開されたAn-124の変種であるAn-225には世界中がのけぞりました。全幅88.4m、全長84.0m、最大ペイロート25万 kgという航空機史上最大の巨人輸送機だったからです。加えて言えば、本機の名称がロシア製巨人機らしからぬ「ムリヤ(ウクライナ語の夢の意味)」になった理由は、すでにたいていの神話に関する名称が使用済みであったためといわれています。■

▲下田氏が筆を握り続けた作業机。こだわりの画材や飛行機の次に好きだった鉄道の模型も飾ってある

数々の作品を生み出したNobさんの仕事部屋(コクピット)

1 作業机横の資料の一部。実機の写真集だけではなく、プラモデルの本も参考にしていた。洋書も数多く、本棚には地面から天井までギッシリと詰まっている。また、飛行機関係だけでなく、戦国時代の甲冑の書籍など資料は多岐にわたる。 2 筆や万年筆など、よく使う道具は手に取りやすい位置に置き作業していたようだ。 3 愛用のシャープペンシルや鉛筆。削り方にもこだわりを感じる。 4 パイロット用のヘルメットの実物。アンティークなカメラや実機の計器なども所有していた。 5 書庫にぎっしりと積まれた飛行機のプラモデル。模型製作というよりは立体資料として活用していたようだ

ノースアメリカン F-86D セイバードッグ(1949)

North American F-86D Sabre Dog
2013年1月号(Vol.89)掲載

　ノースアメリカンF-86D セイバードックは、デハビランドバンパイアの夜戦型(全天候)、並列複座のN,F,10や、ノースアメリカンT-28 トロージャン練習機とは初飛行年次'49年の「同期の桜」であります。F-86Dは、F-86Aから発展したアメリカ空軍初の単座全天候要撃ジェット戦闘機で、武装は空対空ロケット弾のみで機銃はありません。

　「セイバードック」の愛称の由来となった機首の大型レドームの犬の鼻には、当時最新のヒューズE-4 FCS(火器管制装置)を構成するAPG-37サーチレーダーが収容され、敵機を嗅ぎ出します。さらに見つけた獲物は犬の頭脳であるAPA-84射撃管制コンピューターが自動的に追尾照準。胴体下の引き込み式パックに収容された、24発の2.75インチ折り畳みフィン空中発射ロケット弾「マイティマウス」を発射して仕留めます。F-86DはF-86シリーズ中で最多となる2506機(試作機2機を含む)が生産され、その内の122機のセイバードックがE-4 FCSの機密が解除されて間もない'58年1月から、航空自衛隊にアメリカ軍から供与されました。ですがその実、供与機のほとんどは千歳、三沢、板付、横田の在日アメリカ空軍に実戦配備された後の中古機でした。またF-86Fのようなライセンス生産機はありません。

　このセイバードックは火器管制装置だけではなく、搭載されたアフターバーナー付きのエンジンも自動化されているため、数百個の真空管が詰め込まれた電子装置で制御されていました。航空自衛隊では'58年8月1日から'61年までに、このセイバードッグで4個の飛行隊を編成。部品の補給が途切れがちになる中で慣れぬ電子装置の整備に取り組み、結局セイバードッグは'68年10月まで運用されました。また'65年1月8日、陸・海・空3自衛隊使用機の愛称が時の防衛庁から発表され、空の番犬にはセイバードック改め月光という名前が付けられたのであります。■

North American F-86D Sabre Dog

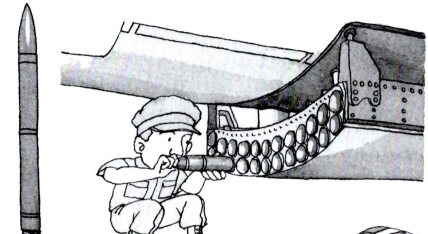

◀胴体下の引き込み式パックに収容された、マントを身にまとい空を飛ぶスーパー・ネズミの愛称の「マイティマウス」2.75in(7cm)ロケット弾は、当時の最強空対空兵器で、夜間戦闘機(全天候)の必須アイテムでした。その威力はアメリカ陸軍の75mm高射砲の砲弾に匹敵するそうです

▶バンパイアの夜戦型N.F.10からレーダーを外した練習機が、エンジン部以外は金属骨組み合板張りというT.11並列複座練習機です。その輸出型T.55を航空自衛隊が次期ジェット練習機の参考として、1956年1月に1機購入し、岐阜の実験航空隊でテストと評価試験を行ないましたが、木製機であることも要因のひとつとなり不採用となりました。現在本機は、浜松の航空自衛隊広報館「エアーパーク」で展示機として余生を送っています

◀陸海空自衛隊共通の機種として、シコルスキーH-19(海自の呼称はS-55)と、バートルKV-107Ⅱが知られていますが、陸上自衛隊の多座連絡機の採用を狙い開発され、1954年11月25日に初飛行した5座連絡機川崎KAL-2も、たった2機の試作機ながら3自衛隊で使用されたという希有な機体です。陸自の多座連絡機の競争試作で富士重工のKM-1に破れたKAL-2は、各1機が航空自衛隊と海上自衛隊に売却されました。1964年になると、岐阜の空自実験航空隊で連絡用として使用されていた試作1号機が陸上自衛隊に移管され、KAL-2は晴れて3自衛隊の共通使用機種となったのであります。現在、所沢航空発祥記念館に展示されているKAL-2が本機です

▶バンパイアと同じように、「エアーパーク」で余生を送っている機体にノースアメリカン T-28B トロージャンがあります。1954年に三菱が防衛庁に売り込み用に1機輸入した機体です。1956年4月に防衛庁に買い上げられ、岐阜の実験航空隊に配備され、最大速度554km/hという第2次大戦中の戦闘機なみの能力を生かし、国産初のジェット練習機T-1開発のためのデータ収集や装備品のテスト等に使用されました

ロッキード F-104J スターファイター(旭光)(1949)

Rocked F-104J Starfigter
2000年7月号(Vol.14)掲載

　50年代後半、我が国では亜音速機のノースアメリカンF-86Fセイバーを主力戦闘機としていましたが、世界はすでに超音速機の時代になっていました。次期主力戦闘機の選定作業を始めなくてはいけない状況です。この時のF-X候補レースで有力視されていたのが、F-100スーパーセイバーとロッキードF-104でありました。ところが'57年12月の国防会議懇談会の席上、防衛庁がF-100は戦闘爆撃機と説明したため、岸首相から「日本には爆撃機は必要ない」と一喝され、スーパーセイバーの芽は消えたのです。

　これでF-104に決まりかと思われたのですが、思わぬ伏兵がいました。F11F-1Fスーパータイガーが翌年4月に内定まで獲得したのです。F-104にとってはお先真っ暗……、ところが、これが国会で大議論。決め方が不明瞭だ、なぜF11F-1Fなのだ、F-104Jのほうが優れている、納得できない、と紛糾したのです。内定は6月には白紙に戻され、F-104にも光が見えてきました。

ここで一打逆転狙いです。7月になると、源田空幕長を団長とするF-X調査団が現地で調査と候補機に試乗することになりました。その比較検討の結果は、F-104の対等の候補機になれるのはF-106であって、なぜF-11F-Fが内定までいったのか不思議なくらいの性能だったそうです。

　ともあれ、'59年11月6日、航空自衛隊の次期主力戦闘機にF-104Cの日本向け改良型F-104Jが採用されることに決まりました。'64年1月8日、自衛隊の使用機に愛称がつけられます。航空自衛隊の戦闘機はそれぞれF-86Fは"旭光"、F-86Dは"月光"そしてF-104Jは"栄光"と"光"の名称が付きました。ちなみに"栄光"とは大辞林によると「世にめでたいことが起こりそうな、縁起のいい光」のことだそうです。また、予算の都合もあってF-104Jにはバルカン砲は半分の機体にしか装備されていませんでした。これではスクランブル待機の機体のやり繰りに支障がでてしまい、後から追加したそうです。■

マクドネル・ダグラス F-4 ファントムⅡ（1958）

McDonnell Douglas F-4 Phantom Ⅱ

1999年11月号(Vol.10)掲載

　F-4ファントムⅡはアメリカ海軍最初のジェット戦闘機であるFH-1ファントムからはじまり、バンシー、ゴブリン、ブードゥーと続いたマクドネル妖怪シリーズの最後を飾った万能戦闘機であります。その歴史は古く、'54年のアメリカ海軍から発注された艦上攻撃機AH-1原型2機の試作契約がはじまりです。しかし'55年になると諸般の事情によりAH-1はF4H-1と改称。空対空ミサイルを主力兵器とする全天候艦隊防空戦闘機へと計画は変更されました。この開発テスト用23機と初期量産型24機がF-4Aです。

　続く量産型F-4Bは649機生産され、アメリカ海軍及び海兵隊主力戦闘機となり、最終機の引渡しは'67年1月でした。アメリカ空軍でもF-4Bを元に規格を陸上機型に変更、戦術戦闘機F-4C(旧称F-110A)として採用され、'66年5月までに全583機が引き渡されました(当時すでに内外のメーカー数社から本機のプラモデルが発売されていました。この時購入したレベルの1/72 F-4Bが私とファントムⅡとの出会いです)。

　'67年4月にマクドネル社はダグラス社と合併。マクドネルダグラス社となりダグラスの血が入ったせいかその後の戦闘機はイーグルとかホーネットとすっかりおとなしくなってしまいました。わが航空自衛隊のF-4EJは世界で唯一ライセンス生産されたファントムで、ベトナムの戦訓を取り入れ攻撃能力を大幅に高めた、アメリカ空軍のE型と基本的には同じ型です。が、空中給油装置は地上給油専用に改造され、また地上攻撃能力は爆撃コンピューターを取り外すことで抑えられています。ただF-4EJ改では爆撃コンピューターが復活し、支援戦闘機としても運用されています。

　ちなみに私がコレクションしている主なファントム関係のアイテムには操縦桿のグリップ、航空時計、ドラックシュート、第83航空隊の盾(エンブレムのデザインは恥ずかしながら私です)他があります。　■

マクドネル・ダグラス F-4EJ ファントムⅡ（1971）

McDonnell Douglas F-4EJ Phantom II
2015年11月号(Vol.106)掲載

　航空自衛隊がノースアメリカンF-86Fの後継機、F-XとしてマクダネルF-4E ファントムⅡを選定したのは'68年9月27日でした。三菱重工でライセンス生産されることになった日本仕様のF-4EJは、他国に侵略的・攻撃的脅威を与えぬようにとの配慮から、いわゆる爆撃装置は外され、それに代わって新たにBADGEシステム（半自動防空警戒管制組織）とのデータリンク装置を追加され、対領空侵犯措置を担う空対空専任戦闘機として生まれ変わりました。長距離侵攻の必要もないことから、空中給油装置も取り外されて地上給油専用に改修されています。

　F-4EJは最終的に140機導入されることになり、ライセンス生産に先立って完成機2機が、'71年7月25日、アメリカ空軍パイロットの手で日本にフェリーされました。この1、2号機に続いて11機がノックダウン生産され、ライセンス生産機は314号機からということになります。航空自衛隊最初のファントムⅡ飛行隊は'72年8月1日付で百里基地の第7航空団指揮下に編成された臨時F-4EJ飛行隊です。本飛行隊は後に臨時301飛行隊と改称され、'73年10月16日に首都圏防空の任につくと共にF-4EJ機種転換操縦過程の教育部隊である第301飛行隊（301SQ）として正式に編成されました。ということは、ファントム・ライダーのマザースコードロンであります。お馴染みの筑波山名物である四六のガマをモチーフにしたカエルの部隊標識が垂直尾翼に描かれるようになったのは、'76年4月以降のことです。

　301SQは'85年3月2日、F-4EJ機種転換の教育部隊としてカエルの部隊標識と共に新田原の第5航空団に移動しました。カエルが首に巻いているスカーフの星の数は所属航空団に合わせて7つから5つになりましたが、301SQはファントムⅡの現役が続く限りマザースコードロンであり続ける予定となっています。　■

McDonnell Douglas F-4EJ Phantom II

▶ファントムⅡを開発したマクダネル社は、第2次世界大戦開戦直前の1939年7月6日、ジェームスS.マクダネル(1899〜1980)がセントルイスで起業した航空機メーカーです。マクダネル社の最初のジェット戦闘機が"妖怪シリーズ"の第1弾となったアメリカ海軍初のジェット艦上戦闘機XFD-1 ファントムです。F-4 ファントムⅡのお披露目は1959年7月3日のマクダネル社創立20周年の記念式典においてでした。1967年春には財政危機に陥った名門ダグラス社を吸収合併し、新社名は「マクダネルダグラス」になりました

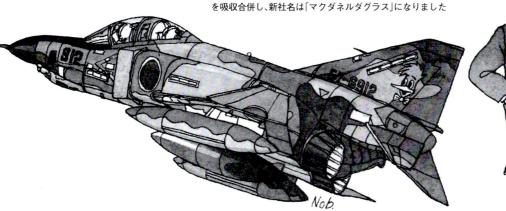

▲RF-4E ファントムⅡは西側諸国で広く採用された無武装偵察機です。航空自衛隊の使用機はRF-86Fの代替機として輸入したセントルイス製機で14機全機は百里の日本唯一の偵察飛行隊である第501飛行隊に配属されました。また1993年には既存のF-4EJを改修した17機が偵察ポッド運用能力を持たせた偵察機RF-4EJとして、RF-4Eとともに第501飛行隊に配属されました。RF-4EJにはF-4EJ当時のJM61A20mmバルカン砲や兵装搭載能力は残されていますが、実際には使われていません

▶F-4 ファントムⅡは冷戦時代、アメリカの3軍をはじめ、西側陣営の多くの国で主力戦闘機の座にありました。航空自衛隊のF-4EJ以外は、すべてマクダネルダグラスのセントルイス工場製です。その最終号機は韓国空軍向けのF-4E、第5057号機とされていますが、1978年10月の組み立てラインが閉鎖後に6機を超えるRE-4Eが追加生産されたとの話があります。幽霊ファントムⅡがいるようです。最も遅くロールアウトしたファントムⅡは航空自衛隊のF-4EJの最終号機(17-8440)です。440号機は1981年5月21日、受領された翌日、小松基地にフェリーされ、同年6月30日付けで新編された第6航空団で2番目で、航空自衛隊にとっては最後となるF-4EJ飛行隊、第306飛行隊に配属されました

◀機体寿命の延長を行なうとともに防御能力を向上・近代化されたF-4EJ改です。搭載セントラル・コンピューター換装し、ASM-1(80式空対艦誘導弾)の携行能力を持つとともに、対地支援戦闘時の命中精度の向上が計られています。また、レーダーを変更することにより空対空ミサイルもF-15と同じAIM-7F/9Lを運用する能力を得ました。計88機が改修されF-4EJからF-4EJ改への機種改変は1989年に実施された小松の第306飛行隊が最初です。F-4EJ改に慣熟したパイロットと機体は1997年、三沢の第8飛行隊に移動し、支援戦闘任務に就きました。F-4EJ改とF-4EJとの識別ポイントのひとつが垂直尾翼安定板後縁頂部と主翼端前縁部につけられたレーダー警戒アンテナの有無です

三菱 F-15DJ イーグル（1980）
Mitsubishi F-15DJ Eagle
2017年7月号(Vol.116)掲載

　北陸石川県の航空自衛隊小松基地に所在する飛行教導隊（'14年より飛行教導群）は、航空自衛隊の精鋭免許皆伝パイロットで編成された部隊です。

　その任務は、対戦闘機用(ACM)の戦技研究を行なうと共に、空中戦の専門集団として各飛行隊を巡回し、仮想敵の役を務めてスキルアップを図る航空総隊直轄のアグレッサー（仮想敵）部隊です。飛行教導隊は'81(昭和56)年12月17日、飛行特性が似ている三菱T-2超音速高等練習機をもって九州は福岡県の築城基地で発足し、'83(昭和58)年3月16日には、同じ九州の新田原基地に移動しました。現用のF-15DJ複座型イーグルへの機種転換は'90年4月3日の2機(82-8065、92-8068)の受領にはじまり、'90年度内に定数7機を受領し編成を終了しています。

　飛行教導群各機に施された派手な水性塗料による塗装は「ACM」訓練用の視認性を高めた識別塗装で、迷彩塗装ではありません。またこの塗装にちなんだ機体のニックネームも065号機「くろ」、068号機「みどり」……といった感じで名付けられており、これには飛行隊僚機や相手部隊のパイロットからも確実に特定でき、ひと言で敵味方の識別がつくという効果もあります。

　当初は安全性確保の観点から複座型イーグル、F-15DJのみが配備されていた飛行教導群でしたが、'00年10月「戦闘機操縦課程」教育を担う第23飛行隊が編成されるに至り、複座型不足が生じ、少数の単座型F-15Jイーグルも運用するようになりました。白黒のまだら塗装で「パンダ」のニックネームを持つ936号機はそんなF-15Jの1機です、

　仮想敵専門部隊の嚆矢はベトナム戦争の戦訓により編成されたアメリカ海軍の「トップガン」と呼ばれる「アドバーサリー（仮想敵）」と部隊名に「アグレッサー（侵略者）」と名付けたアメリカ空軍の飛行隊です。　■

Mitsubishi F-15DJ Eagle

▶初代アグレッサーの使用機、三菱T-2は編成当初、ノーマル塗装にコブラマークを垂直尾翼に描くという出で立ちでした。1984年1月になると機体各部を黒や黄色でトリミングし、シリアルナンバーを赤色に、機首側面のラジオコールナンバーは黄色フチ付きの赤色としてソ連空軍機(MiG-21)になりきっていました。またACM訓練時に対抗機のパイロットを欺瞞するために胴体下面には黒でキャノピー模様が描かれています

◀ファントムのマザースコードロンである301飛行隊のF-4EJ/07-8428機は、ACM訓練の際に仮想敵機として使用するために試験的にカエル緑色でMiG-21のシルエットが塗装されていました。この塗装は訓練効果があったようで301飛行隊が第7航空団から第5航空団隷下に移動後も継続されていました

▶航空総隊戦技競技会にACM課目が採りいれられたのは、1979年10月に小松基地で開催された'79戦競からです。このとき参加した各F-4EJファントムの飛行隊は胴体と外翼部に識別帯を塗装していました。このパターンは新生F-15DJ飛行教導群の識別塗装の候補でもありましたが、部隊内での検討の結果迷彩塗装ではないが戦闘機らしい塗装ということで現行の識別塗装に決まったようです

◀神奈川県のアメリカ海軍厚木基地で目撃される半常駐のホーカー・ハンターF.58はアメリカの民間企業が海軍の委託を請けて標的曳航や電子戦仮想敵機役もこなす下請け「アグレッサー」です。その前身は1958年3月29日に初飛行し、100機生産されたスイス空軍向けのホーカー・ハンターというベテラン機です

三菱 F-2A（1995）

Mitsubishi F-2A

2007年3月号（Vol.54）掲載

　支援戦闘機とは対艦攻撃・対地攻撃を主任務とする戦闘機で、いわゆる、戦闘・爆撃機あるいは戦闘・攻撃機にあたる機種であります。戦後我が国には「邀撃戦闘機の保有は専守防衛のためやむを得ないが、爆撃機は周辺諸国に脅威を与える攻撃的兵器である」という論調がありました。支援戦闘機というのは、それに代わるカテゴリーの機体です。

　国産初の超音速戦闘機であった三菱F-1の後継機、次期支援戦闘機を決めるFS-X計画は'81年に始まり、'85年にはF-16やF/A-18、トーネードなどを候補とする外国製航空機輸入（ライセンス生産）案と国内開発機案との具体的な検討段階に入りました。当初、双発の国内開発機案が優勢でしたが、ペーパー・プラン国産機と既存機との審査は不公平であるとの外国からのクレームや、アメリカの強引な横槍もあって、擦った揉んだの末、1987年、FS-Xは日米で単発機のF-16Cをベースとして共同開発することで政治決着となりました。この結果、FS-Xは純国産機ではなく準国産機のF-2に決まったのであります。

　'95年（平成7）年10月7日には初飛行に成功、紆余曲折がありましたが何はともあれ平成の零戦が誕生しました。試作機は4機作られ、1・2号機が単座のXF-2A、3・4号機が複座のXF-2Bでした。この4機による飛行開発実験団での飛行テスト中に、複合材一体成型による主翼のフラッターとクラックの発生や尾翼の強度不足が判明し、開発期間が9ヶ月延長されます。また'00年から開始された量産機の部隊配備後には一部機能の不具合が発覚し、逆風は風力を増したのであります。さらに追い討ちをかけたのが'04年の、防衛庁による「F-2は高価で性能不足な状態にあり、性能向上の余地が少ない」との理由での調達打ち切り発表であります。これがF-2に引導を渡す最大級の強風となりってしまい、「平成の零戦」を「平成の烈風」にしてしまったのでした。■

ロッキード C-130H ハーキュリーズ (1984)

Lockheed C-130H Hercules

2007年5月号(Vol.55)掲載

　ロッキードC-130ハーキュリーズは、現在の戦術輸送機の形式を確立した軍用中型輸送機であります。その開発は'48年のアメリカ空軍独立後、初めての陸軍との統合仕様によって行われ、原型機YC-130(のちにYC-130Aと改称)の初飛行は、半世紀以上前の'54年8月23日であります。ハーキュリーズは世界60カ国以上で使用されているベストセラー戦術輸送機であり、現在も現役であるばかりでなく、さらにその発達型の生産が続行中という前代未聞のロングセラー戦術輸送機です。

　ハーキュリーズは基本モデルはA、B、E、H、Jの5種。ですが各種の目的に転用できる多用性が評価され、その派生型はディスカバラー衛星のカプセル回収用のJC-130Bやガンシップのa AC-130E、機首に昆虫の触覚のようなフルトン回収装置をもった特殊任務型のMC-130Eや捜索救難型のHC-130Hをはじめとして、細かく分類すると50機種以上にのぼります。

　わが航空自衛隊が使用しているハーキュリーズはH型です。

'81年に16機の導入が決まったC-130ですが、その導入話はカーチスC-46輸送機の後継機としてのC-1開発時にもありました。当時は本機では大き過ぎるということで見送られましたが、沖縄や最近話題の硫黄島が返還されると、C-1では能力不足ということで日の丸ヘラクレスは不死鳥のごとく復活したのであります。

　'84年2月から'98年までに順次導入されたC-130Hは全機が小牧の第1輸送航空隊401飛行隊に集中配備され、現在に至るまで長らく運用されています。'04年1月からは標準塗装のグリーン系迷彩をライトブルーに塗り替え、携帯式地対空ミサイルに対処するためにミサイル接近警報装置や、チャフ／フレアー・デスペンサーを装備、さらに操縦席上部の緊急脱出口に監視用のバブルキャノピーを取り付けるという改造を施された機体が、イラクでの空輸任務に就いています。ちなみに空自16号機はロッキード社生産の最後のC-130Hであります。■

日本航空機製造（NAMC）YS-11（1962）

NAMC YS-11

2007年1月号(Vol.53)掲載

　太平洋戦争に敗れた敗戦国日本は、'45年11月18日の連合軍総司令部(GHQ)のお達しにより、航空機の生産・研究・実験をはじめとして、すべての航空活動は禁止され、模型飛行機を飛ばすことすらできなくなったのであります。

　この状況を打開したのが、'50年6月25日の未明に起こった朝鮮戦争です。この戦争はアメリカの対日政策の大転換をもたらし、'52年4月に締結された対日講和条約への道を開くことになりました。本条約の発効が間近にせまった'52年4月9日には、GHQによる「兵器・航空機の生産禁止令」が解除され、日本は晴れて自主的に航空機の生産・研究ができるようになりました。航空機工業の再スタートは、アメリカ軍が朝鮮戦争で使用している軍用機のオーバーホールの受注からでした。これは周辺事態に対する後方支援となって、いわゆる「朝鮮特需」をもたらし、結果として敗戦により疲弊していた日本経済のカンフル剤となりました。

　米軍特需と防衛庁機のライセンス生産に引き続き、日本の航空工業は本格的な開発機種の検討に入ります。テーマはジェット練習機（のちのT-1として実現）とローカル線用輸送機でした。

　'57年5月には『社団法人輸送機設計研究協会』が設立され、国産輸送機計画がスタートしました。翌年4月には、第1案エンジンのRRダート10と、第1案主翼（95㎡）を組み合わせた基本仕様が決まりました。ここから名称も輸研の頭文字とエンジン・主翼の第1案の1を組み合わせ、YS-11（ワイエスいちいち）となりました。「ワイエスじゅういち」ではありません。YS-11の引退に際しては、あの公共放送まで「ワイエスじゅういち」と呼んでいましたが……。

　「ワイエスいちいち」の後継機Y-X計画は浮かんでは消え浮かんでは消えで、現在進行中といわれる国産輸送機話も輪郭がはっきりしない状態が続いています。　■

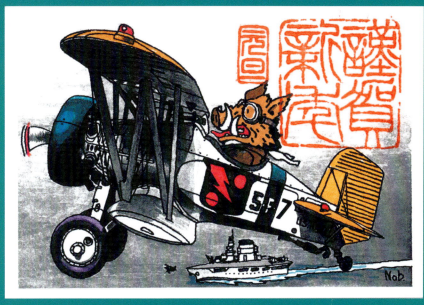

下田氏が関係者に送っていた年賀状の一部。干支に合わせた描き下ろしの絵をわざわざ制作するなど、下田氏の人柄が伺える逸品だ。下写真は航空ジャーナル社宛ての年賀状で、航空自衛隊のマルヨンがモノクロながら実機の特徴を良く捉えた躍動感ある仕上がりになっている事に注目。(提供／高巣弘臣)

デ・ハビランド・シービクセン F.A.W.2（1957）

de Havilland Sea Vixen F.A.W.2

2008年11月号（Vol.64）掲載

　シービクセンは、デ・ハビランド社初のイギリス海軍ジェット戦闘機シーバンパイア、その発達型であるシーベノムに続く同社の双テイルブーム艦上ジェット戦闘機シリーズの最終型です。本機はイギリス海軍初の本格的全天候戦闘機で、固定砲を廃止しAAM武装を実用化した最初のイギリス機という、初づくしの革新的ジェット戦闘機です。シービクセンは操縦士を左舷にオフセットされたキャノピーの中に、レーダー手は右舷の胴体内とした変則並列複座の前衛的容姿をしています。ビクセンとは研究社のリーダーズ辞典によると雌狐、口やかましい女、がみがみ女のことだとか。今だったらセクハラで問題になりそうなネーミングです。

　シービクセンの原型はデ・ハビランドDH110です。本機は'46年のイギリス空軍のF.44/46夜間戦闘機仕様と、'47年のイギリス海軍のN.40/46仕様の対象機となりました。が、当時のイギリスの社会情勢が足を引っ張ります。本機の開発もこの厳しい情勢下、海軍からは政治的・経済的理由で契約がキャンセルされ、空軍も夜間戦闘機型2機のみの試作と計画は縮小、その上、空軍のF.4/48夜間戦闘機仕様のグロスター・ジャベリンとの競争試作にも敗れました。

　運命の変わり目は、'52年末に海軍が要求したシーベノムの後継機でした。これに対してデ・ハビランド社はDH110を基本とした艦上型を提案、翌年初めには海軍から開発発注を得ることができました。量産型シービクセンF.A.W.1の第1号の初飛行は'57年3月20日、生産数は119機でした。また'62年にはF.A.W.1の第92号が生産ライン上で改造され、2本のテイルブームが太く主翼前縁より突き出たF.A.W.2の原型となりました。F.A.W.2は29機が新造され、67機がF.A.W.1からの改造機です。空母イーグル搭載の空飛ぶゲンコツ印で知られる第899飛行隊所属機コールナンバー131のF.A.W.2もF.A.W.1からの改造機であります。　■

BAe シーハリアー FRS.1(1975)

BAe Sea Harrier FRS.1
2002年7月号(Vol.26)掲載

　'72年、イギリスでは海軍の通常型空母イーグルが引退して在来型固定翼機を運用する空母はアークロイヤルただ一隻となりました。そのアークロイヤルも政府の方針によって、'78年にはお役ご免の予定。艦載機のファントムFG.1はすべて空軍へ再就職も決定済みとなって、海軍航空戦力は存続の危機にありました。

　そこで財布と相談の上で出た解決策が、ハリアーのようなS/VTOL機を運用できる全通飛行甲板を持つ簡易型空母3隻の建造とシーハリアーの開発であります。簡易型空母1番艦インヴィンシブルは'73年7月起工され、竣工は'80年。シーハリアーの採用決定は'75年5月15日であります。シーハリアーFRS.1は世界初のS/VTOL艦上戦闘／攻撃／偵察機です。本機はイギリス空軍のハリアーGR.3を基に最小限の改造で海軍型ハリアーとして'78年8月20日に誕生しました。

　'82年4月2日、アルゼンチン軍がイギリス領フォークランド諸島のポートスタンレーに上陸し占領してしまいました。やっかいなことにフォークランドはイギリスからすればものすごく遠い、南極半島まで約1200kmのところにある島です。イギリスからはもっとも近い前線基地のアセンション島からでも7200kmも離れています。すでにイギリス海軍の空母はすべて退役していましたが、秘密兵器「スキージャンプ甲板」を装備した新鋭艦HMSインヴィンシブルと、対潜機能を持ったコマンドー母艦HMSハーミーズを中心に、島の奪回のための機動部隊が編成されたのであります。

　フォークランド紛争ではシーハリアーは、空中戦では1機の損害もなく23機のアルゼンチン軍機を撃墜するという大戦果を挙げ、イギリス軍の勝利に大きく貢献しました。そんなシーハリアーにも'02年、イギリス海軍から現用のシーハリアーFA.2に対して、'04年から'06年にかけて引退するようにと肩たたきがありました。

ホーカー・シドレー ハリアー（1960）

Hawker Siddeley Harrier
2016年3月号（Vol.108）掲載

　ホーカー ハリアーは、世界最初の実用垂直／短距離離着陸（V/STOL）戦闘・攻撃機で、ホーカー社の自主開発機です。ニックネームは「ジャンプジェット」。設計はホーカー社の名設計者、技師長のシドニー・カム卿であります。

　ハリアーは今日までに実用化された唯一のベクタード・スラスト（推力偏向）方式のV/STOL機です。本機のキモ、搭載エンジンはフランス人のミッシェル・ウィボー技師の発想をブリストル社がペガサスの名称で具現化したもので、ダクトを二又にし4個の転環式推力偏向排気ノズルが設けられています。東西冷戦の時代、NATO軍が敵の第一撃に生き残り、ただちに反撃にうつれるかが課題でした。V/STOL機には離発着のための目立つ滑走路は不必要。したがって隠密裏に前線近くに進出し森の中に分散秘匿、敵の眼や空襲を逃れ、助走なしで反復出撃ができます。これはV/STOL機を新戦術攻撃機として採用する大きなメリットでした。

　ハリアーの原型機P.1127の1号機（XP831）は'60年11月19日、ホーカー社のチーフ・テストパイロット、ビル・ベッドフォードの操縦で初の垂直浮揚に成功しました。フィアットG.91の後継機を探していたNATO軍のイギリス、アメリカ、西ドイツがP.1127に興味を示し、三ヵ国共同評価飛行隊（TES）が組織されました。TES向けに計9機作られたP.1127には制式呼称ケストレルF.(GA)1が与えられ、会社名表記も以後「ホーカー・シドレー」となりました。

　1号機（XS688）はベッドフォードの操縦で'64年3月7日に初飛行に成功。ケストレルF.(GA)1はハリアーGR.Mk.1の名称でイギリス軍に採用され、さらにアメリカ海兵隊でも同型をAV-8Aの名称で採用しています。イギリス空軍向けの先行量産型であるハリアーG.R.Mk.1が進空したのは'66年8月31日のことでした。残念ながらシドニー・カムは本機の完成を見ることなく、'66年3月21日に亡くなっています。■

Hawker Siddeley Harrier

▲1964年10月15日にNATOのイギリス、アメリカ、西ドイツがケストレルを3ヵ国共同で評価する飛行隊（TES）が、ベテランパイロット10名、管理・整備要員112名で組織されました。なかでも西ドイツから派遣されたパイロット要員のひとりは、第2次大戦中301機撃墜したという、ドイツ空軍No.2のエースであるバルクホルン大佐でした。9機製作されたケストレルの増加試作機の1号機（XS688）は、1964年3月7日にベッドフォードの操縦で進空しましたが、西ドイツは採用を見送っています

▲アメリカは3ヵ国共同評価飛行隊が解散した後も6機のケストレルを本国へ持ち帰り、XV6Aの名称で評価試験を続けていましたが、1969年2月イギリス空軍のハリアーGR.1を海兵隊の近接支援用にAV-8Aの呼称での導入を決めました。海兵隊のAV-8Aは日本でのおなじみのハリアーとなりました。ハリアー/AV-8Aの問題点、ペイロードと航続性能の改善を狙い開発されたのが、軽量化のため機体構造重量の26％に炭素繊維強化プラスチックを使用したAV-8B/ハリアーIIです。つづいてAV-8Bに夜間攻撃能力を付与したナイトアタック型や、それに機首にレーダーを装備したハリアーIIIプラスと発展しています

▲イギリス海軍型ハリアーの名称はシーハリアー FRS.Mk.1。FRSは戦闘/偵察/攻撃を示しますが、その主任務は艦隊防空であります。機首にブルーフォックス・レーダーを、コクピット床下にはドップラーレーダーを装備するためと視界改善を兼ねて、操縦席は25cm高くなりました。1982年にアルゼンチンとの間に勃発したフォークランド紛争がシーハリアー、ハリアーの初陣であり、唯一のV/STOL戦闘機の空戦でありました。10機のダガー、ミラージュIIIEA超音速戦闘機を含む21機を撃墜し、損害0という完勝でした。空軍のハリアーはもっぱら対地攻撃の任に当たっていました

▶ハリアーの原型機となるP.1127の初号機（XP831）の前でポーズをとるのは、VTOL開発にもっとも功績のあった名パイロット、ビル・ベッドフォード（左）とヒューメアウェザー（右）です。ベッドフォードは本機をもって1963年2月8日、史上初のVTOL機による空母上での垂直着艦/発進を記録しています。P.1127は3機（XP831、と強度試験用機）が製作されましたが、試作2号機（XP836）は1961年12月14日に初のP.1127の事故により失われています

イギリス United Kingdom

フーガ C.M.170R マジステール（1952）

Fouga CM.170R Magister
2014年7月号(Vol.98)掲載

　世界最初の操縦士基礎訓練用のジェット練習機とされるのが、フーガC.M.170R マジステールです。フーガ社は航空機部門の設立が'36年という、第1種、第2種に属する高性能グライダー、ソアラを主力製品とする新興メーカーです。その技術力を遺憾なく発揮して、マジステールはタンデム複座の操縦席、翼長の長い直線翼、V字型の尾翼、短い降着装置と、まるでグライダーと見まがうようなソアラ型のジェット練習機に仕上がりました。

　マジステールのルーツは、フーガ社が'48年にパリの航空省に提出した、推力150kgのチェルボメガ パラス ターボジェット・エンジンを2基搭載するC.M.0130R計画案です。しかし本案では任務遂行のための各種器材を装備した軍用飛行服着用の操縦士が搭乗するにはサイズが小さすぎたようで、寸法を大きくする設計変更が行なわれ、機体はフーガ社初の応力外皮の全金属性構造となるとともに搭載エンジンもチェルボメガ社の製品中、最も強力な推力400kgのマルボレに変更。晴れてC.M.170Rに生まれ変わりました。

　'50年12月には航空省から原型3機の発注を受け、原型1号の初飛行は'52年7月23日、翼端に燃料タンクが取付けられたのは原型2号機からです。また原型3号機は比較検討するために普通の型式の尾翼でした。

　マジステールは'51年のフランス空軍のジェット練習機のコンペで勝利し正式採用され、破れたライバルであり'11年創業の老舗、モラヌ・ソルニエ社のM.S.755 フルーレはその決定に対して「マジすか？」と言ったとか……すいません、ウソです。その後マジステールは西ドイツをはじめとするフランス国外でのライセンス生産を含め、合計で929機も量産されるヒット作となりました。また'64年から'80年まではフランス空軍のアクロバット・チームであるラ・パトルーユ・ド・フランスの使用機を務めています。■

Fouga C.M.170R Magister

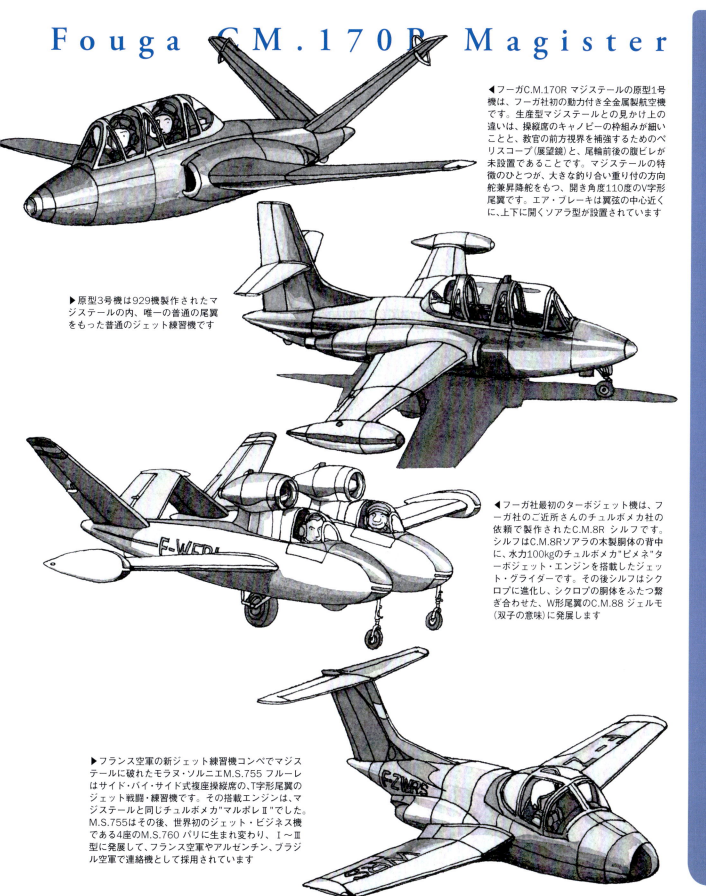

◀フーガC.M.170R マジステールの原型1号機は、フーガ社初の動力付き全金属製航空機です。生産型マジステールとの見かけ上の違いは、操縦席のキャノピーの枠組みが細いことと、教官の前方視界を補強するためのペリスコープ(展望鏡)と、尾輪前後の腹ビレが未設置であることです。マジステールの特徴のひとつが、大きな釣り合い重り付の方向舵兼昇降舵をもつ、開き角度110度のV字形尾翼です。エア・ブレーキは翼弦の中心近くに、上下に開くソアラ型が設置されています

▶原型3号機は929機製作されたマジステールの内、唯一の普通の尾翼をもった普通のジェット練習機です

◀フーガ社最初のターボジェット機は、フーガ社のご近所さんのチュルボメカ社の依頼で製作されたC.M.8R シルフです。シルフはC.M.8Rソアラの木製胴体の背中に、水力100kgのチュルボメカ"ピメネ"ターボジェット・エンジンを搭載したジェット・グライダーです。その後シルフはシクロプに進化し、シクロプの胴体をふたつ繋ぎ合わせた、W形尾翼のC.M.88 ジェルモ(双子の意味)に発展します

▶フランス空軍の新ジェット練習機コンペでマジステールに破れたモラヌ・ソルニエM.S.755 フルーレはサイド・バイ・サイド式複座操縦席の、T字形尾翼のジェット戦闘・練習機です。その搭載エンジンは、マジステールと同じチュルボメカ"マルポレⅡ"でした。M.S.755はその後、世界初のジェット・ビジネス機である4座のM.S.760 パリに生まれ変わり、Ⅰ～Ⅲ型に発展して、フランス空軍やアルゼンチン、ブラジル空軍で連絡機として採用されています

ダッソー・ブレゲー シュペルエタンダール（1974）

Dassault-Breguet Super Étendard
2012年11月号(Vol.88)掲載

　イギリス南西部から南に1万3000kmにある島々が、イギリス領フォークランド諸島です。その東1300kmにはイギリス領サウス・ジョージア島があります。この島に'82年3月19日、アルゼンチンの自称屑鉄業者が、作業員を引き連れて鰹節工場ならぬ老朽化した捕鯨基地の解体と称し、無許可上陸して自国の国旗を掲げ気勢を挙げたのが、フォークランド紛争の端緒であります。

　これらの島々の領有権を主張するアルゼンチンは4月2日、東フォークランドに上陸し、翌3日にはサウス・ジョージア島も占領してしまいました。これに対してイギリスは4月中に機動部隊を編成し、地上部隊と補給品を積載した数10隻の艦船をフォークランド海域に送り込みます。さらに5月1日にはアルゼンチン軍陣地に対する砲撃を開始しました。そんな中、5月4日、フォークランド島の南西の海上にあったイギリス駆逐艦シェフィールドは、アルゼンチン海軍のフランス製戦闘・攻撃機であるダッソー・シュペルエタンダールの発射した空対艦ミサイルAM39エグゾセ（飛び魚）が命中し、あれよあれよの間に炎に包まれ、沈没に至りました。世界初の事例であります。さらに5月25日には徴用コンテナ船アトランティック・コンベイヤーがまたもやシュペルエタンダールの発射した1発のエグゾセに葬られました。これらの戦果は全世界に対艦ミサイルの有効性を示すものでした。

　シュペルエタンダールはフランス製の機体であるエタンダールIVMのエンジンを強化し、エレクトロニクス、兵器システムを近代化した上で再生産された艦上機です。量産型の初飛行は'77年9月でした。アルゼンチン海軍が保有する虎の子のシュペルエタンダール5機と5発のエグゾセは、開戦前に獲得していた秘密兵器でありました。ちなみにシュペルエタンダールの5箇所あるハードポイントのうち、エグゾセを搭載できるのは右舷の1箇所のみでした。■

Dassault Super Étendard

◀アエロスパシアル エグゾセ 対艦ミサイル：1970年代初めに実用化された西側のベストセラー対艦ミサイルです。最初のモデルMM.38は、全長5.21m、速度マッハ0.93、射程42km、角型キャニスターに搭載され、艦上発射型と地上発射型があります。MM.38を元に開発されたのが空中発射型の全長4.69m、射程40〜70kmのMM.38です。6月12日未明に総攻撃を開始したイギリス軍を艦砲射撃で支援していた駆逐艦「グラモーガン」は地上発射型MM.38が命中し損傷しました。本艦はその後損傷を修復し、1987年にはチリに売却されています

▶ダグラス A-4C スカイホーク 攻撃機：アルゼンチンの空・海軍の航空戦力で最も多数を占めていたのがA-4P/4Qスカイホークです。空軍では超音速機のミラージュⅢやイスラエルがミラージュⅤを無断でコピー生産したダガー（イスラエル名はネシェル）を50機前後保有していましたが、占領したポート・スタンレー飛行場の滑走路はジェット戦闘機の運用には短すぎたため、勢いアルゼンチン本土からの作戦となりました。給油装置を持たない両機は作戦行動半径が830kmを超えるフォークランドでの戦闘可能時間は最大5分間だったと言われています。給油装置を有するスカイホークは本土から出撃し、KC-130から空中給油を受けて、通常爆弾でイギリス軍の艦船に多大な損害を与えています

◀IA-58A プカラ 支援攻撃機：プカラはアルゼンチンが開発・量産した20mm機関砲4門を装備し、最大1500kgの爆弾やロケット弾を搭載できる、最大速度520km/hの双発ターボプロップの近接支援攻撃機です。アルゼンチン軍のフォークランド制圧後、24機のIA-58Aプカラがポート・スタンレー飛行場に進出しています。通常のIA-58Aは複座の機体ですが、改良型のIA-58Cはこれを単座としています

▶ダッソー・エタンダールⅣM：艦上戦闘・攻撃機：1964年1月からF4U コルセアに代わって部隊配備が始まった、核爆弾も搭載できるフランスの核戦略の一翼を担う虎の子の艦上戦闘・攻撃機でした。映画『頭上の脅威』では空母「クレマンソー」と共演し、その能力を遺憾なく発揮していた、シュペル（スーパー）に進化する以前の普通のエタンダールです

ダッソー・ラファールM（1986）

Dassault Rafale M
2001年7月号(Vol.20)掲載

　ラファールMはフランス海軍初のフランス製艦上ジェット戦闘機です。名門ダッソー社の伝統は、無尾翼デルタ翼でカナード翼付の機体形状に表れております。

　フランス海軍の艦載機のジェット化の最初の試みは、国産化を目指し'49年に初飛行した、アエロサントルNC1080艦上戦闘爆撃機と、ノールNC2200艦上戦闘機です。しかしこの試みはどちらもうまくいかず、海軍はデ・ハビランドシーベノムを「アキロソ」の名前で採用した後、チャンスヴォートF-8E(FN)クルセイダー艦上戦闘機と交替しました。ここにラファールMの誕生の一因があります。

　70年代後半、イギリスやフランス、当時の西ドイツでは90年代前半に実用化を目指す、次世代戦闘機を考えていました。そこで各国は開発コストやリスクの分散を考え、共同開発を決定。'80年4月に合意に達したのが、戦闘・攻撃ECA(ヨーロッパ戦闘機)計画であります。しかし早くも'89年3月にはこのECA計画は挫折してしまいました。原因は分担金とフランスの事情です。フランスはクルセイダーの後継機である艦載型の必要性から、機体はイギリス・西ドイツ案よりも小型のものを望み、さらにエンジンは自国のSNECMA M88の装備を主張するという、虫の良い話を主張。これで新戦闘機開発はチャラになってしまい、フランスは独自に自腹でダッソー・ラファールを、イギリス、ドイツはイタリア、スペインと共同でユーロファイター EF2000タイフーンを開発したのであります。

　フランス海軍は'86年にクレマンソー級の後継の中型正規空母を起工しました。フランス初の原子力推進の水上艦で、その名は「シャルル.ド.ゴール」。就役後はラファールM艦上戦闘機が搭載されます。地下に眠る愛国者ド・ゴール将軍は、自分の名を冠した新空母で運用される艦上戦闘機が、ドイツの血の入った機体ではなく国産機ラファールMになって、ほっとしているかもしれません。　■

サーブ 37 ビゲン (1967)

SAAB 37 Viggen

2012年7月号(Vol.86)掲載

　バルト海に面するスウェーデンは、主力兵器を自国製の兵器で固めた北欧の武装中立国であります。したがって空軍の装備も戦後の一時期を除き、サーブ製の国産ジェット戦闘機が国防の任に就いています。その歴史は双胴推進式レシプロ戦闘機サーブ21をジェット化したサーブ21Rに始まります。その後サーブ29 ツナン、サーブ32 ランセン、サーブ35 ドラケンが進空するという具合に、着実に国産機によって戦力は更新されました。

　'52年から空軍とサーブ社で検討が始まった次期戦闘機が、攻撃と邀撃を兼ね備える機体です。10年近くの調査、研究の結果、システム37として'61年秋には、攻撃型AJ37(邀撃にも使用可能)、邀撃型JA37(攻撃にも使用可能)、偵察型S37(後にSF37とSH37に分離)、複座の訓練型SK37を量産する基本計画がまとめられ、'65年に、この新しいウェポンシステム、サーブ37 ビゲン(電光)の本格的な開発に入りました。

　1号機の初飛行は'67年2月8日、全天候攻撃型のAJ37でした。ビゲンはサーブ社がツイン・デルタと呼ぶカナード形式の機体です。エンジンはアフターバーナー付きのターボファンエンジンで、さらに世界で類を見ないスラストリバーサもついており、森林地帯を縫って走る高速道路の500mの補強部分での離着陸ができます。これは限られた国土の至る所を飛行場として使うために欠かせない工夫でした。その着陸方式はツイン・デルタ翼と頑丈な降着装置で、空母艦載機のように接地地点を正確に捉えるフレア着陸ができ、スラストリバーサで着陸距離の短縮と、機体の後進もできます。また岩盤をくり抜いた天井の低い格納庫で待機するため、垂直尾翼は胴体左側に折りたためます。この器用なビゲンは'75年、航空自衛隊のF-104J、F-4EJの後継となる次期主力戦闘機F-Xの候補機にノミネートされましたが、カラーが合わずF-15Jに破れ、日の丸をつけることはできませんでした。　■

スウェーデン Kingdom of Sweden

グラマン F-14A トムキャット（1974）

Grumman F-14A Tomcat

2017年1月号(Vol.113)掲載

　その昔、戦時下の日本国民にとってグラマンはアメリカ海軍艦載機の代名詞でした。そんな艦載機の名門グラマン社の艦上戦闘機(F4F ワイルドキャット以降の機体)にはネコ科の動物からとった愛称がついています。グラマン最後のレシプロ戦闘機がF8F ベアキャット、最初のジェット戦闘機はF9F パンサー／クーガー、初の艦載超音速戦闘機がF11F タイガー、世界で唯一の可変翼艦上戦闘機でパルスドップラー・レーダーのAWG-9火器管制装置とAIM-54A フェニックス長距離ミサイルとの組み合わせで、世界最強の艦隊防空戦闘機と呼ばれた、F-14 トムキャットと続きます。

　超射程のミサイルと可変式の主翼を持ち、まさに無敵のトムキャットでしたが、思わぬ伏兵に苦戦しました。インフレによる開発費の高騰です。開発当初のユニットコストは390万ドルでしたが、たちまちグラマン社の経営は左前に。ユニットコストは約2倍の730万ドルに引き上げられましたが、インフレは納まりません。このトムキャットの危機を救ったのが中東のお大尽、豊富なオイルマネーで西側の最新兵器を購入するお得意様、パーレビ王朝のイランです。

　このイランが行なったのが、80機ものトムキャットを総額20億ドルで購入するという、猫に小判の爆買いです。これによってイランはミニAWACS的な能力も持つという多用途性を持つ防空用迎撃機を入手できました。双尾のペルシャ猫の誕生です。

　これで2万m以上の高高度をマッハ3以上で上から目線で領空侵犯するMiG-25フォックスバットもロック・オンであります。'82年9月16日、堪忍袋の緒を切ったイラン空軍のトムキャットはフェニックスの猫パンチを「このニャロメ！」とばかりにお見舞いし、見事イラク空軍のMiG-25RB偵察／爆撃機を撃墜したのであります。これ以外にも、イラン・イラク戦争ではトムキャット部隊は目覚ましい戦果をあげています。■

Grumman F-14A Tomcat

▶イランが発注した80機のトムキャットの80機目の機体、発注順番号260378機は、1979年イラン革命の混乱でアメリカに取り残され、イランに渡って「ペルシャ猫」になる機会を逸しました。オーダー流れとなり宙ぶらりんの状態の本機は一時アメリカ軍預かりとなり、デイヴィスモンサン基地でモスボール保存されていましたが、1986年再整備されてアメリカ海軍使用に戻され、昔の名前でアメリカ海軍に現役復帰しています

◀グラマン社最後のレシプロ艦上戦闘機F8F ベアキャットは、太平洋戦争中に開発され、1944年8月21日に初飛行した最強のレシプロ艦上戦闘機です。ジェット時代となった1950年代、余剰となったアメリカ海軍のF8Fの一部が1951年2月から相互防衛援助計画により、インドシナ戦争中のフランスに140機以上供与されました。1954年ジュネーブ協定調印でフランスはインドシナから撤退。残されたベアキャットの身は新生南ベトナム空軍とタイ空軍に振り分けられ、129機が「シャム猫」になって1963年までタイ空軍で使用されたそうです

▶グラマン社の超音速戦闘機F11F タイガーのパワーアップ発展型がF11F-1 スーパータイガーです。F11F-1の初期量産型のうち、138646と138647の2機が改造されました。残念ながら制式採用は叶わず、後にこのうちの1機、138647号機は再度改造を受け、G-98J-11と衣替えして、日本のF-Xに立候補、内定を得たものの、これが政治問題化。その結果F-Xカツオブシは大逆転でロッキードF-104にさらわれてしまいました。世に言う「ロッキード・グラマン事件」です。努力を重ねたスーパータイガーでしたが、ついに日本猫にはなれませんでした

◀グラマンF9F パンサーは、グラマン社初の艦上ジェット戦闘機です。朝鮮戦争停戦後の1957年末、かねてからパンサー導入を希望していたアルゼンチン海軍への供与が解禁となり、24機が供与されました。アルゼンチンはアメリカ海軍／海兵隊以外でF9Fを使用した唯一の国であり、またアルゼンチン海軍にとって初のジェット機でした。本機の愛称のパンサーは南北アメリカに生息する大型のヤマネコ「ピューマ」の別称で、本機の発達型、後退翼のクーガーも「ピューマ」の別称です。『黒ネコのタンゴ』がヒットするずっと以前の話です

S100 サエゲ (2004)

S100 Saeqeh
2017年5月号 (Vol.115) 掲載

　アメリカのMAP（対外軍事援助計画）用としてノースロップ社が製造し、各型合計2617機が生産された超音速軽戦闘機F-5シリーズ。フリーダム・ファイターと名付けられた初期のA/B型に続き、その性能向上型E/F型はタイガーⅡと愛称を付けられ、'72年8月11日に初飛行しました。

　このタイガーⅡは長らくF-5シリーズの最終発展型とされていました。ところが、この定説を覆したのが、32年後の'04年7月にイランの国営テレビが報じた、F-5Eの改造発展型S100サエゲの初飛行成功のニュースでした。イランは一番最初にMAPによりF-5の供与を受けた国で、'65年2月からF-5A/B合わせて140機を受領しています。その後イランは潤沢なオイルマネーでF-5A/B、RF-5Aを計48機自費で買い増します。'72年にはタイガーⅡの導入を決め、'74年から'79年2月の革命前までにF-5Eを140機、F-5Fを28機発注、全機引き渡しを受けています。

　そんなF-5の血を引くサエゲの基本的な機体形状は、一見するとタイガーⅡと同じように見えます。が、垂直安定板はF/A-18ホーネットのルーツであるノースロップP530コブラのような、外側に傾斜した双垂直安定板形式に変更されています。これはN-102ファングからタイガーⅡにいたる、F-5の設計案には見られない形式でした。この垂直尾翼こそが、サエゲ最大の特徴と言えましょう。

　サエゲは3機試作され、'06年夏にはイラン空軍の演習に参加し爆撃ミッションを実施するなど実働態勢に入ったとされています。当局はサエゲに爆撃能力を持たせ対地攻撃機として装備する意向のようです。機首レーダーをMiG-29のファゾトロンM091に換装する計画もあり、量産型は機体の形状がサエゲと異なるかもしれません。ちなみに、アメリカ以外の国でF-5Eを製造した国はチュンチェンの名称でライセンス生産した台湾だけであります。　■

S100 Saeqeh

▶1952年末、ノースロップ社は、大戦中の名機P-51 ムスタングを、戦後にはF-86 セイバーや超音速戦闘機F-100 スーパーセイバーを設計した、ノースアメリカン社のエドガー・シュミードを技術担当副社長として迎え入れ、自主開発した超音速軽量戦闘機がファング（牙）です。ファングはエアインテークを胴体下面に配置した水平尾翼を持つ肩翼配置のデルタ翼機で、モックアップは1954年初めに完成したものの、搭載可能なエンジンがなく、計画はこの時点で打ちきられました

◀仕切り直しとなった軽量戦闘機計画は、ジェネラル・エレクトリックが開発中の小型軽量のターボジェット・エンジンJ85の発達型、アフターバーナー付きのJ85-GE-5の双発をベースに再スタートしました。こうして自主開発されたN-156F/Tは、エリアルールを最初から採用した航空機です。複座練習機型のN-156Tが1956年12月、T-38 タロンの名称で先に制式採用となり、計1190機作られています

▶製作中止となりお蔵入りとなっていたN-156Fの3号機は、MAP用のF-5A仕様に改修され、YF-5Aとして1963年7月31日に進空しました。生産型F-5Aの初飛行は1965年1月、最初のF-5A/Bの実戦配備はイラン空軍で、テヘラン・メヘラバード基地への飛行隊展開でした

◀1970年にアメリカ空軍は、IFA（International Fighter Aircraft）の名称で新しい海外供与向けの戦闘機の要求を示しました。その条件のひとつが現用戦闘機の発展型であることで、ノースロップはエンジンを強化し、速度性能、上昇性能、機動性の大幅な向上を狙ったF-5-21を提案。ライバルはF-104の発展型CL1200 ランサー、F-8の発展型V-1000、F-4Eの簡易版でした。ノースロップ案の断然低いコストが決め手となり、1970年11月にF-5Eとして制式化、愛称もタイガーⅡに決まりました

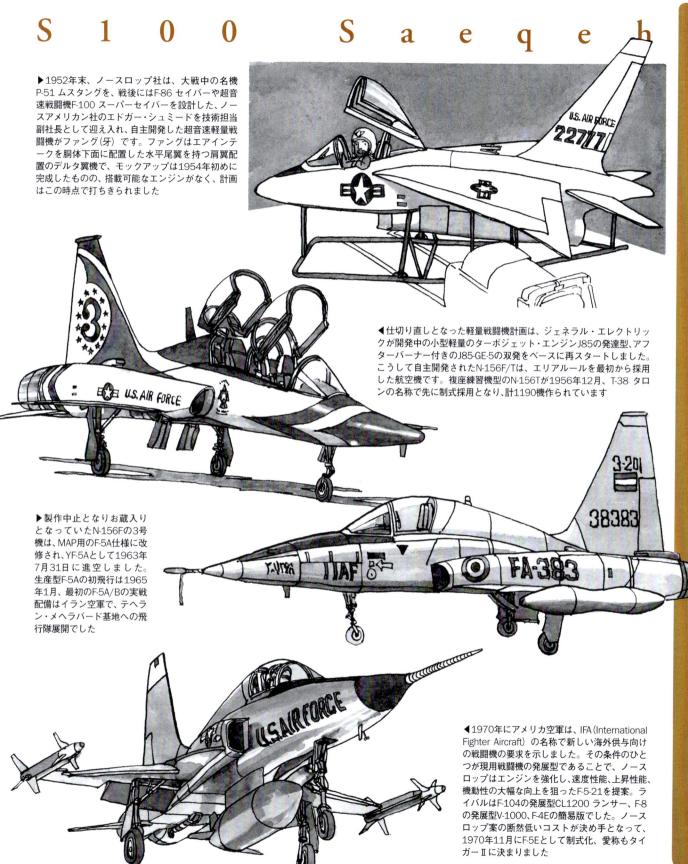

イラン Islamic Republic of Iran

頭上の敵機も驚いた、「荻窪航空博物館」の夢と大冒険。

Nobさんの数多くの作品群の中で、カラー画の究極は『エアログラフィックス002』(1991年4月)に収録した「荻窪航空博物館」だと思っている。その昔『エアログラフィックス』を創刊した理由はいくつかあるが、正直「一度、Nobさんとガチで仕事がしてみたい」というのがとても大事な要素だった。

まだ自分も若かったし、まったく怖いもの無しの時代。電話でアポをとって道順を聞いて、西荻窪のNob邸宅にお邪魔した。もちろん初対面。マンションの外付け階段を上がった2階の一番奥がNobさんの秘密基地だった。(ピンポーン!) 玄関のベルを押すと「どーぞぉ」と静かにドアが開いた。そこに立っていたのは、航空ジャーナル誌で見慣れた、ご自身の似顔絵にそっくりなニコニコ顔のNobさんだった。

「いま創りたいのはオールカラーのビジュアル航空雑誌なので、色付きの絵をお願いしたいのですが……」と切り出した。それまでNobさんのカラー作品は見たことが無かった。「あ〜、そうなんですね」とNobさんが笑った(大丈夫!描いてくれそうだ!)「毎号全8ページの予定なんですけど……」と、間髪入れずに言い足すと「えええぇ〜っ!」(Nobさんが大袈裟にのけ反った!ヤバっ、やっぱり無理か?)。「そんなことして大丈夫ですか? その本、売れます?」とNobさんマジで心配顔。「売れなくてもいいんです。Nobさんのカラーの絵、色のついたヒコーキが見たいんです!」とNobさんの目を直視して本心を明かした。その瞬間、Nobさんが天を仰いで目をつぶってしまった。首をキコキコ鳴らしている。毎回オールカラーの8ページ構成なんて、Nobさんにとっても人生最大の危機、いや、大冒険に違いなかった。緊張と沈黙の30秒。Nobさんが大きく目を見開き、こちらに視線を向けてしばらく間を置き「わかりました! やりましょう!」と笑ってくれた。「ありがとうございます!」。本当に嬉しかった。あの日のことは、いまでも鮮明に覚えている。夢が叶って「エアログラフィックスはいい本になる。売れる!」と確信した瞬間でもあった。

でもこの大冒険、いつも締切りギリギリか、たまにはオーバーランもしてしまう、毎号が超綱渡りのアクロバット飛行になってしまった。業界では定説となっているが、Nobさんは構想に8割、作画に2割くらいの時間配分でワークする。毎回が大冒険のオールカラー8ページ。軽快かつ緻密なストーリー展開と、微塵の妥協も許さない完璧な場面構成で、Nobさんはそのセンスと画力を惜しみなく投下してくれた。連載2回目にして挑んだ「荻窪航空博物館」だったが、その下準備には9割強の時間を割いていたと思う。巨匠、恐るべし!

次号の企画を練るときは、会社の仕事が終わったあと、夜な夜なNobさんの秘密基地にお邪魔して、二人で遅くまで侃々諤々のアイデア出し。傍らにはいつも奥様が淹れてくれる熱々の美味しい珈琲があったのを覚えている。

一方、Nobさんのモノクロ画の最高峰は『航空ジャーナル』(1974年7月〜1988年7月)の奥付ページに連載されていたひとコマ漫画だろう。

あの一連の作品群を世に残したいと思って、『図上の敵機』(1992年3月)という単行本を企画した。これはもう既存の原画を一冊にまとめるだけだから、Nobさんにも負担がかからないし、ボクとNobさんの想い出づくり&こんなに楽して売れたらラッキー的なお手軽企画、のハズだった。しかし「原画? もう無いんですよ!」とNobさん苦笑。えっ、万事休す? と思ったら「全部描き直しますよ!」とNobさんが突然ワケの解らないことを言い出した。心配になったので「書籍だから印税払い。原稿料は無しなんですよ」と返したら、「描くだけだから簡単簡単♪」とまさかの描きおろし宣言。しかも余裕の締切前入稿だった。やはりアイデア出しがNobさん作品のキモだと改めて思い知った次第。巨匠、またまた恐るべし!

「荻窪航空博物館って、どこにあるのですか?」と杉並区役所に何件か問い合わせがあって、あとで役所の人に怒られたとか……ご自身のプロフィールに「荻窪航空博物館館長」といれてもらっているのを見つけて、チョッピリ嬉しかったり……Nobさんとの時間はそんな楽しい想い出ばかりです。

西荻窪の秘密基地で、エアログラフィックス002号「荻窪航空博物館」の深夜打ち合わせ。あの夜のちょっと苦めの冷めきった珈琲がふと懐かしくなりました。いまから26年前、バブル崩壊で騒々しい師走の、丁度いま頃の記憶です。

(2018.12.14 記)■

当時の航空雑誌がすべてB5判だったのに、A4変型判オールカラーにしたのが「大冒険」の始まり
① AG001(1990年12月 CBSソニー出版刊)
② AG002(1991年4月 CBSソニー出版刊)
③ AG003(1991年7月 ソニーマガジンズ刊)
④ AG004(1991年10月 ソニーマガジンズ刊)
⑤『図上の敵機』(1992年3月 ソニーマガジンズ刊) ハードカバー仕様でなんと税込980円!本がいっぱい売れていた時代の文化遺産
⑥『図上の敵機』扉絵。Nobさんにサインをいただいた、我が家の重要文化財

佐野総一郎

● さのそういちろう 1956年生まれ。東京都出身。2016年2月、刑期(36年)満了で市ヶ谷刑務所出所(定年退職)。在職中に「蒼空の視覚/徳永克彦写真集」、「フライングカラーズ/小池繁夫画集」、「エアログラフィックス/季刊」等々を企画制作。ヘンな本しか創れない? お気楽編集職人

「バトル・オブ・ブリテン」はエアログラフィックス001、Nobさんの「荻窪航空博物館」はエアログラフィックス002、Nobさんの「パニック・ザ・航空史」はエアログラフィックス003、Nobさんの「寒くて暑い!? 二度と行きたい!? 映像製作現場ウラ話」はエアログラフィックス004に掲載されたものです

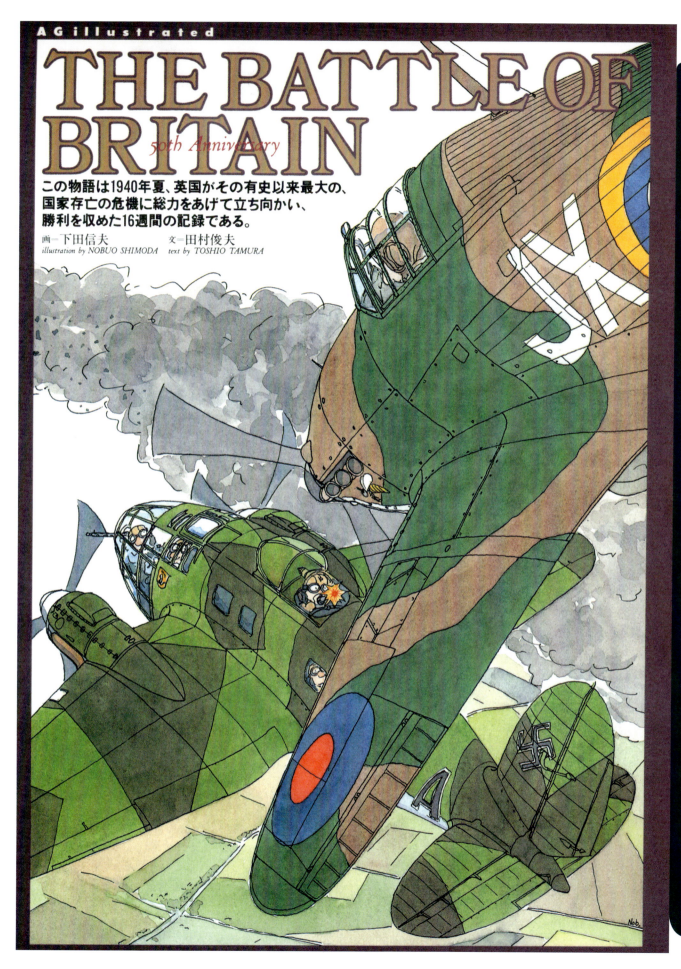

AG illustrated
THE BATTLE OF BRITAIN
50th Anniversary

この物語は1940年夏、英国がその有史以来最大の、
国家存亡の危機に総力をあげて立ち向かい、
勝利を収めた16週間の記録である。

画=下田信夫　文=田村俊夫
illustration by NOBUO SHIMODA　text by TOSHIO TAMURA

↰1940年6月、ノルウェー、ポーランド、デンマーク、オランダ、ベルギー、ルクセンブルグ、フランスの7ヶ国がわずか10ヶ月弱でドイツ軍の空陸一体の電撃戦で征服され、イギリスもダンケルクから大陸派遣軍を追い落とされ、西ヨーロッパ大陸はナチス・ドイツの手に帰した。

↰ユンカースJu87急降下爆撃機 急降下して目標に爆弾を命中させる電撃戦の花形。

↓フランス征服後、大勝利を収めたヒットラーは陸軍から9名、空軍から3名の将軍を元帥に昇進させる元帥の濫造を行った。空軍元帥だったヘルマン・ゲーリングにはすべての元帥の上に位する「大ドイツ国のドイツ元帥」が創設され、さらに鉄十字大勲章が授与された。

●ドイツ空軍1940年7月20日時の
対英稼働戦力：2133機
単座戦闘機　725機
複座戦闘機　200機
爆撃機　864機
急降下爆撃機　248機
長距離偵察機　96機
なお、保有機数は2883機

↓ドルニエ Do17

↓ユンカース Ju87

↓ドイツ空軍の司令長官である太っちょのゲーリング元帥はドイツではヒットラーに次ぐNo.2で、ナチス政権獲得時から空軍を任されていた。第一次大戦での戦闘機乗りだが、近代の航空戦の指揮官としては不適任だった。

●当時のドイツ空軍主装備機種
戦闘機：メッサーシュミットBf109、Bf110
爆撃機：ハインケルHe111、ドルニエDo17、ユンカースJu88、急降下爆撃機ユンカースJu87

「バトル・オブ・ブリテン」

【プロローグ：英国、弧高の抗戦を決意】

　第二次大戦は1939年9月1日にナチス・ドイツのポーランド侵略で始まった。しかし、わずか10ヶ月弱で北のノルウエーからフランスにいたる西欧諸国は征服され、イギリスも大陸から遠征軍が装備を捨て兵員のみが退却する有様のうえ、西ヨーロッパでただ一人でドイツと対抗する状態になった。ドイツはイギリスが和平に応じることを期待したが、イギリスは断固戦う決意を固めていた。新しく首相に就任したチャーチルは"ヨーロッパの大部分と多くの古く有名な国々が、ゲシュタポとナチの憎むべき機構の手に落ち、あるいは落ちようとも、われわれは白旗を掲げたり、気落ちしないだろう。われわれはいかな

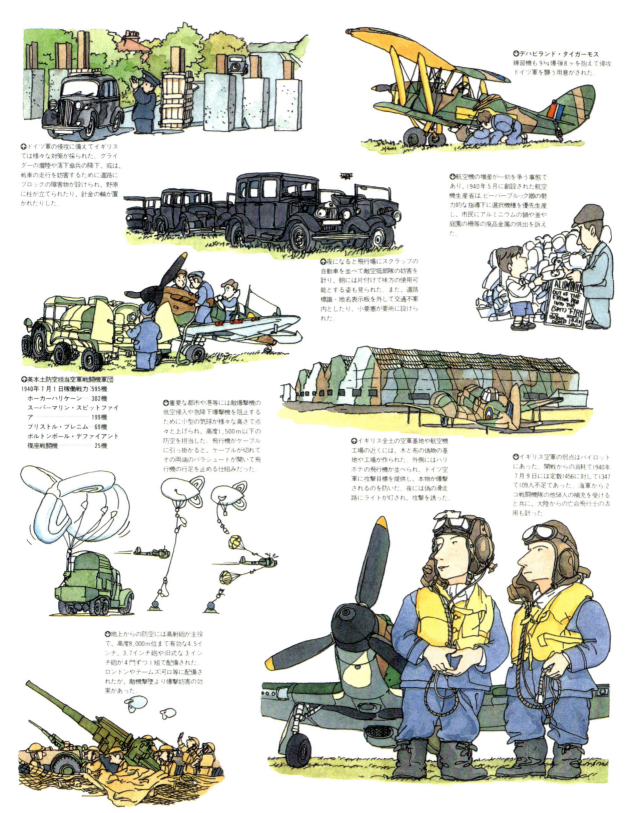

⇧デハビランド・タイガーモス
練習機も9kg爆弾8ヶを抱えて侵攻ドイツ軍を襲う用意がされた。

⇧ドイツ軍の侵攻に備えてイギリスでは様々な対策が採られた。グライダーの着陸や落下傘兵の降下、或は、戦車の走行を妨害するために道路にブロックの障害物が設けられ、野原に柱が立てられたり、針金の輪が置かれたりした。

⇩夜になると飛行場にスクラップの自動車を並べて敵空挺部隊の妨害を計り、朝には片付けて味方の使用可能とする姿も見られた。また、道路標識・地名表示板を外して交通不案内としたり、小要塞が要所に設けられた。

⇧航空機の増産が一刻を争う事態であり、1940年5月に創設された航空機生産省はビーバーブルック卿の勢力的な指導下に選択機種を優先生産し、市民にアルミニウムの鍋や釜や庭園の柵等の廃品金属の供出を訴えた。

⇧英本土防空担当空軍戦闘機兵力
1940年7月1日稼働戦力：595機
ホーカーハリケーン　　　302機
スーパーマリン・スピットファイア　　　　　　　　　　199機
ブリストル・ブレニム　　69機
ボルトンポール・デファイアント
複座戦闘機　　　　　　　25機

⇩重要な都市や港等には敵爆撃機の低空侵入や急降下爆撃機を阻止するために小型の気球が様々な高さで点々と上げられ、高度1,500m以下の防空を担当した。飛行機がケーブルに引っ掛かると、ケーブルが切れてその両端のパラシュートが開いて飛行機の行足を止める仕組みだった。

⇧イギリス全土の空軍基地や航空機工場の近くには、木と布の偽物の基地や工場が作られた。外側にはハリボテの飛行機が並べられ、ドイツ空軍に攻撃目標を提供し、本物が爆撃されるのを防いだ。夜には偽の滑走路にライトが灯され、攻撃を誘った。

⇧イギリス空軍の弱点はパイロットにあった。開戦からの消耗で1940年7月9日には定数1456に対して1347で109人不足であった。海軍から2コ戦闘機隊の他58人の補充を受けると共に、大陸からの亡命飛行士の活用も計った。

⇩地上からの防空には高射砲が主役で、高度8,000m位まで有効な4.5インチ、3.7インチ砲や旧式の3インチ砲が4門ずつ1組で配備された。ロンドンやテームズ河口等に配備されたが、敵機撃墜より爆撃妨害の効果があった。

る犠牲を払っても、この島を守るであろう。……"われわれが敗れるならば、全世界、アメリカはじめわれわれが知り、面倒を見てきた世界は、悪用された科学により、一層邪悪なものとなった新暗黒時代の闇に沈むであろう。されば、諸君、奮起してわれわれの義務にまい進しようではないか。そして、イギリス帝国とイギリス連邦が千年も続いた時でも、人々が「あの時こそ帝国の最高のときだった」といわれるように振る舞おう"と演説してイギリスの心意気を高く掲げた。そして、1940年6月のフランス降伏からドイツ空軍の攻撃が始まるまでを利用して、英国は大陸での敗戦の傷を癒し、防備を固めた。即ち、戦闘機隊の装備・人員の補強だが、この1ヶ月の猶予は有り難かった。

↷ドイツ空軍はイギリス空軍壊滅に北のノルウェー・デンマークに314機、オランダからフランスにかけて2569機を配備して、南北からイギリス本土に襲いかかる構想である。これに対して英戦闘機軍団も地区別に防空分担を定めて迎え撃つ構えを採った。

メッサーシュミットBf109E
ドイツ空軍主力戦闘機

↷ドイツ空軍が知らないイギリス空軍の秘密兵器はレーダーを軸とする戦闘機管制システムを世界に先駆けて実用化している点だった。各所からの情報は女子補助空軍隊員が盤上に駒を操り表示し、高所から管制官が戦闘機隊に音声で指示を出した。

↷イギリスは大陸に面して1935年より来襲する敵機を探知するためレーダー一網の建設を進め、開戦時には探知距離193kmのレーダーが本土の約半分を覆っていた。ただ、その精度と管制技術習熟に未だしの感があった。

↷ドイツ空軍の強みは1936年のスペイン戦争からの戦争経験を積んでいることで、例えば戦闘機の編隊の組み方に1日の長があった。パイロットにもエースが多く、派手好みのガーランドは既に17機撃墜のエースだった。

↷"空飛ぶ鉛筆"と呼ばれ、低空侵攻が得意なドルニエDo17

↷緒戦の勝利はゲーリング以下のドイツ空軍全体に自信をもたらし、空軍情報部の英空軍戦力に対する評価も低かった。
"きょう、ドイツはわれわれのもの。そして明日は、全世界がわれわれのもの"と編隊は出撃した。

【英国征服の鍵：制空権の確保】

　ヒットラーはイギリスが屈服しないため、ついに英国侵攻作戦ゼーレーヴェ（海獅子）の開始に乗出したが、上陸作戦実施の条件はドイツ空軍がイギリス空軍を圧倒し、制空権を獲得することであった。空軍司令官のゲーリングは英国南部の戦闘機防衛陣を4日間で粉砕、イギリス空軍は2〜4週間で完全に撃滅出来るだろうと自信満々だった。まずドイツ空軍は部隊を英仏海峡に沿って展開、小戦力でイギリス空軍に探りを入れ、ついで、8月の天気の良い日に空軍の総力を挙げての攻撃作戦"アドラ・アングリフ（荒鷲の襲撃）"で一挙に勝負を決する予定だった。かくて「バトル・オブ・ブリテン」は開始された。

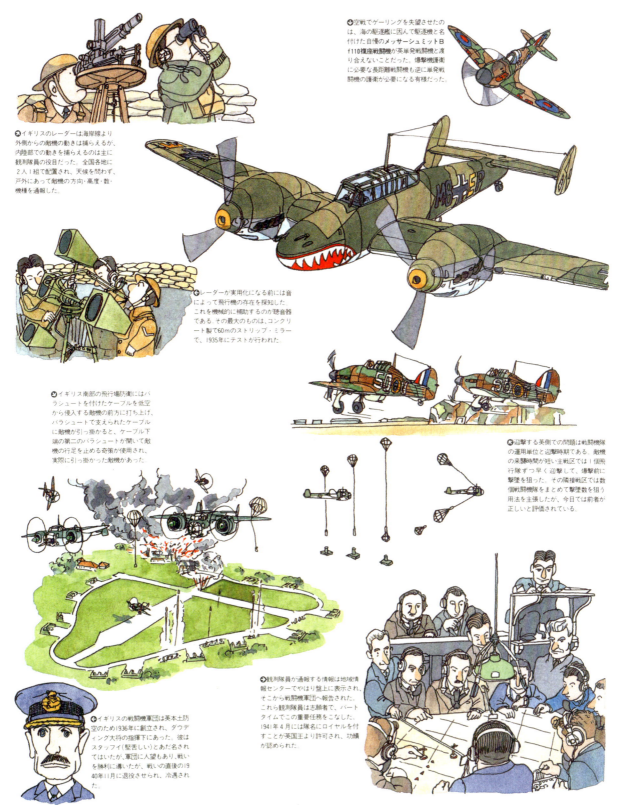

⬆空戦でゲーリングを失望させたのは、海の駆逐艦に因んで駆逐機と名付けた自慢のメッサーシュミットBf110複座戦闘機が英単発戦闘機と渡り合えないことだった。爆撃機護衛に必要な長距離戦闘機も逆に単発戦闘機の護衛が必要になる有様だった。

⬅イギリスのレーダーは海岸線より外側からの敵機の動きは捕らえるが、内陸部での動きを捕らえるのは主に観測隊員の役目だった。全国各地に2人1組で配置され、天候を問わず、戸外にあって敵機の方向・高度・数・機種を通報した。

⬅レーダーが実用化になる前には音によって飛行機の存在を探知した。これを機械的に補助するのが聴音器である。その最大のものは、コンクリート製で60mのストリップ・ミラーで、1935年にテストが行われた。

⬅イギリス南部の飛行場防衛にはパラシュートを付けたケーブルを低空から侵入する敵機の前方に打ち上げ、パラシュートで支えられたケーブルに敵機が引っ掛かると、ケーブル下端の第二のパラシュートが開いて敵機の行足を止める奇策が使用され、実際に引っ掛かった敵機があった。

➡迎撃する英側ての問題は戦闘機隊の運用単位と迎撃時期である。敵機の来襲時間が短い主戦区では1個飛行隊ずつ早く迎撃して、爆撃前に撃墜を狙った。その隣接戦区では数個飛行機隊をまとめて撃墜を狙う用法を主張したが、今日では前者が正しいと評価されている。

⬅イギリスの戦闘機軍団は英本土防空のため1936年に創立され、ダウディング大将の指揮下にあった。彼はスタッフィ（堅苦しい）とあだ名されてはいたが、軍団に人望もあり、戦いを勝利に導いたが、戦いの直後の1940年11月に退役させられ、冷遇された。

➡観測隊員が通報する情報は地域情報センターでやはり盤上に表示され、そこから戦闘機軍団へ報告された。これら観測隊員は志願者で、パートタイムでこの重要任務をこなした。1941年4月には隊名にロイヤルを付すことが英国王より許可され、功績が認められた。

【バトル・オブ・ブリテン開始】

　英国公式戦史では「バトル・オブ・ブリテン」は7月10日に開始され、10月31日に至る戦いをいう。この期間については異論があるが、フランス降伏から1ヶ月を置いてから対英国戦に乗出したのは事実である。戦いはまずドイツ空軍の英仏海峡の英国沿岸航行阻止作戦から開始されたが、英国側では出撃を抑制して戦力の温存を計った。12日からドイツ空軍はレーダーの破壊と戦闘機基地攻撃に乗出し、15日にはいよいよ総力を挙げての攻撃を実施、ドイツ空軍の出撃数2119、イギリス空軍の出撃数974を数えたが、北からの攻撃は護衛戦闘機の能力不足で損害が多く、以後この方面からの攻撃は中止された。

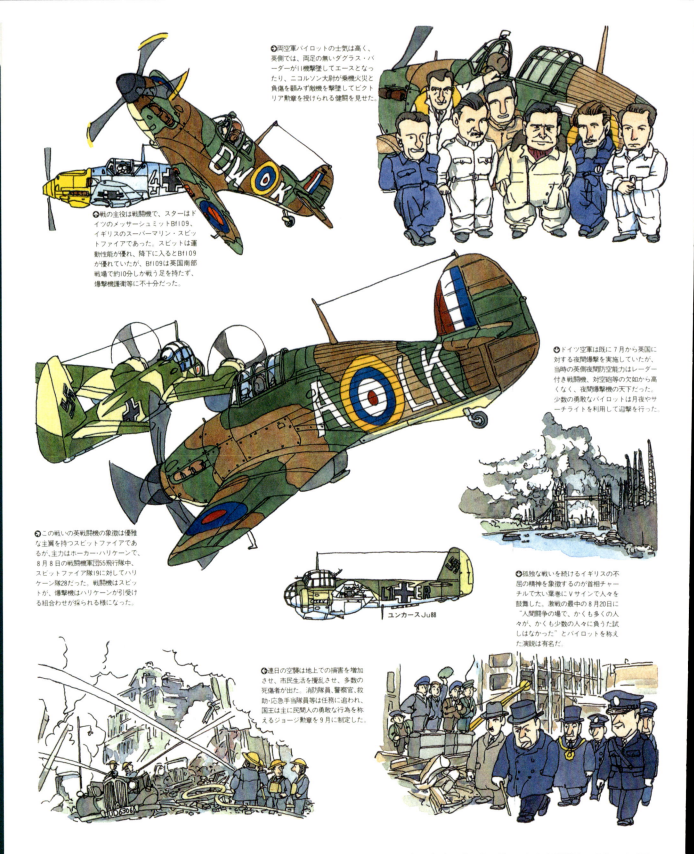

→両空軍パイロットの士気は高く、英側では、両足の無いダグラス・バーダーが11機撃墜してエースとなったり、ニコルソン大尉が乗機火災と負傷を顧みず敵機を撃墜してビクトリア勲章を授けられる健闘を見せた。

→戦の主役は戦闘機で、スターはドイツのメッサーシュミットBf109、イギリスのスーパーマリン・スピットファイアであった。スピットは運動性能が優れ、降下に入るとBf109が優れていたが、Bf109は英国南部戦場で約10分しか戦う足を持たず、爆撃機護衛等に不十分だった。

→この戦いの英戦闘機の象徴は優雅な主翼を持つスピットファイアであるが、主力はホーカー・ハリケーンで、8月8日の戦闘機軍団55飛行隊中、スピットファイア隊19に対してハリケーン隊28だった。戦闘機はスピットが、爆撃機はハリケーンが引受ける組合わせが採られる様になった。

ユンカースJu88

→ドイツ空軍は既に7月から英国に対する夜間爆撃を実施していたが、当時の英側夜間防空能力はレーダー付き戦闘機、対空砲等の欠如から高くなく、夜間爆撃機の天下だった。少数の勇敢なパイロットは月夜やサーチライトを利用して迎撃を行った。

→孤独な戦いを続けるイギリスの不屈の精神を象徴するのが首相チャーチルで太い葉巻にVサインで人々を鼓舞した。激戦の最中の8月20日に"人間闘争の場で、かくも多くの人々が、かくも少数の人々に負うた試しはなかった"とパイロットを称えた演説は有名だ。

→連日の空襲は地上での損害を増加させ、市民生活を攪乱させ、多数の死傷者が出た。消防隊員、警察官、救助・応急手当隊員等は任務に追われ、国王は主に民間人の勇敢な行為を称えるジョージ勲章を9月に制定した。

【空の激戦は続く】

　8月12日から13・15・16・18日と続くドイツ空軍の英国空軍基地攻撃は要撃する英戦闘機軍団と激戦を続けた。ドイツ空軍は15日から18日にかけて194機を失い、特に爆撃機の損失が多かった。緒戦で威力を見せたユンカースJu87は低速ゆえの損失が多いため第一線から引き上げられることになったが、ゲーリングはこれらを戦闘機の護衛方法が悪いと自己流に改めさせたり、戦闘機隊に積極性が欠けているなどと非難した。そして24日から攻撃を再開、8月27日だけ休んだだけで9月6日まで攻撃を続けた。この結果、英戦闘機軍団は2週間で231人が戦力から外れたが、これは総数1000弱の戦力からすれば致命的な損失であった。

【ドイツ空軍、攻撃目標変更：任務達成出来ず】
　しかし、9月7日、ドイツ空軍は攻撃目標を英空軍基地からイギリスの首都ロンドンに転じ、主として夜間爆撃を行った。これで、損害が重なりつつある基地・施設への攻撃を免れた英戦闘機軍団は一息付き、9月15日の昼間ロンドン攻撃には185機撃墜（本当は約60機）の大戦果を挙げ、英国戦闘機隊健在を誇示した。ドイツ空軍は爆撃機の損失に耐え切れず、10月から主として昼は戦闘機が爆弾を搭載して高高度から攻撃、夜は爆撃機の攻撃としたが、ヒットラーは制空権が取れぬため、10月12日正式に上陸作戦無期延期を発令した。かくて、「バトル・オブ・ブリテン」は英国側の辛勝に終わり、英国はドイツ侵略から救われた。

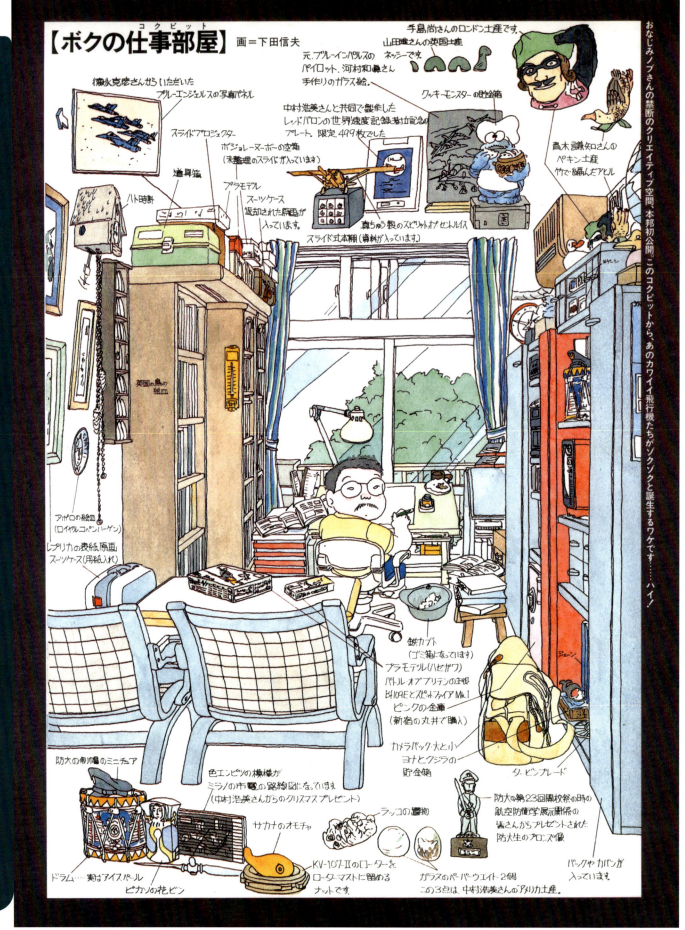

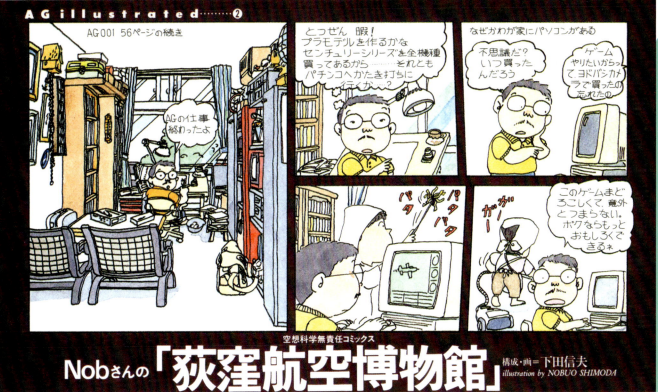

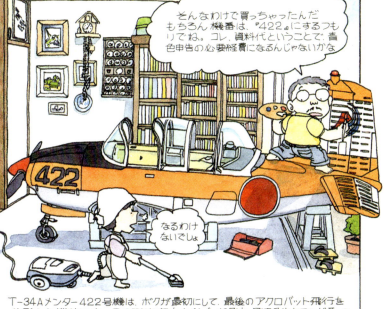

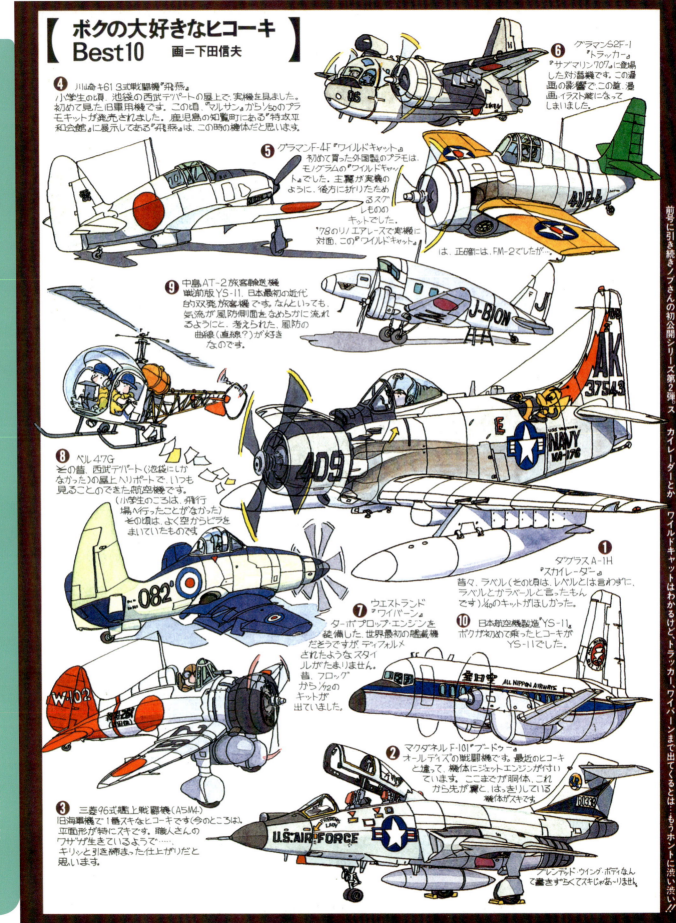

Nobさんの「パニック・ザ・航空史」航空科学うんちくコミックス

画=荻窪航空博物館館長・下田信夫 illustration by NOBUO SHIMODA　考証=同館資料編纂室顧問・田村俊夫 investigation by TOSHIO TAMURA

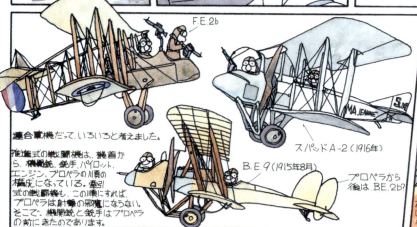

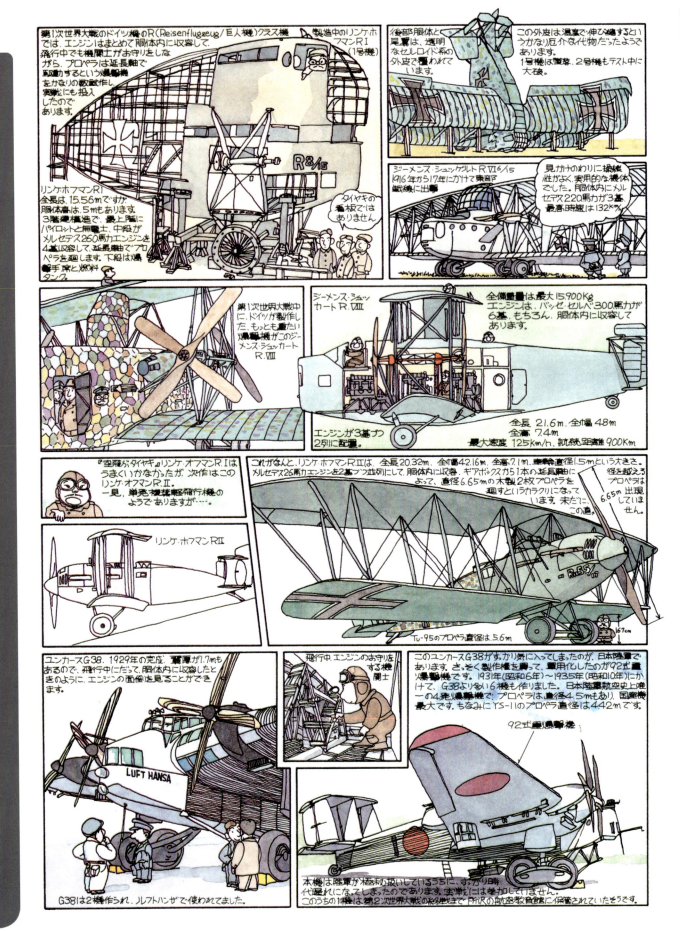

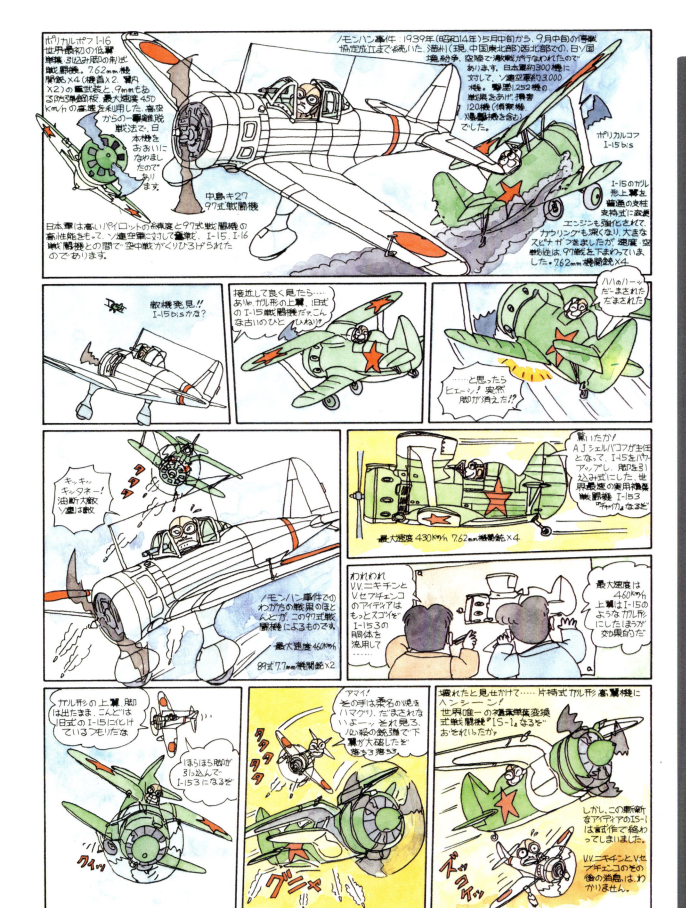

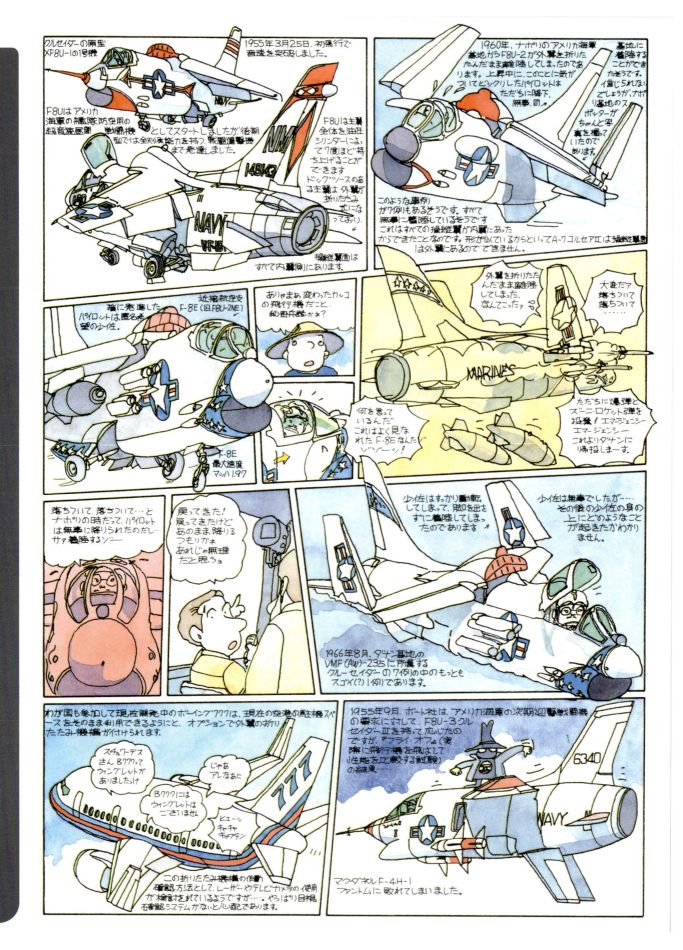

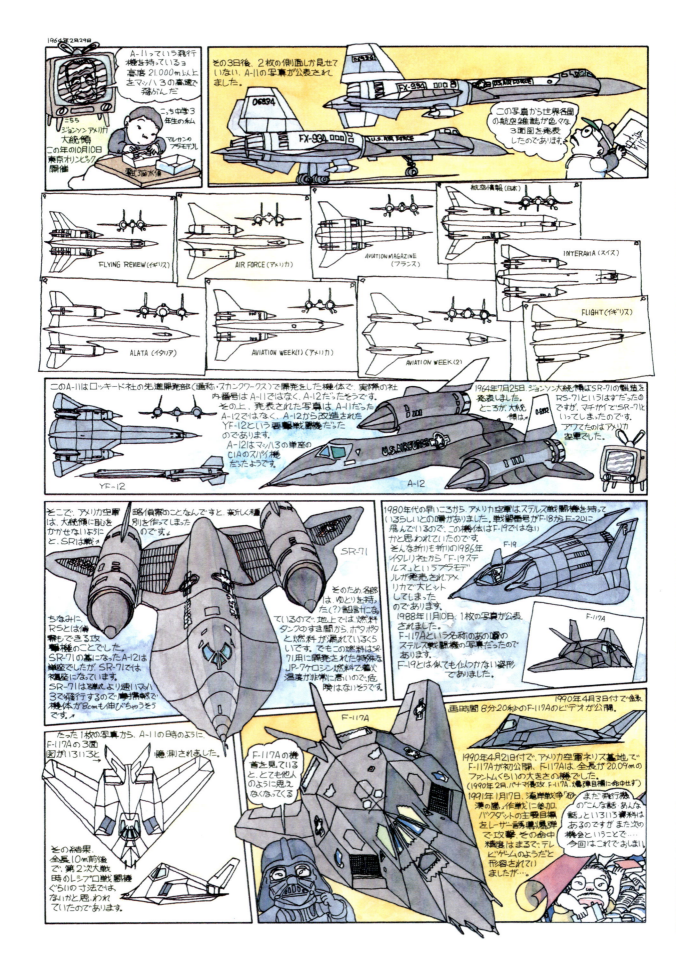

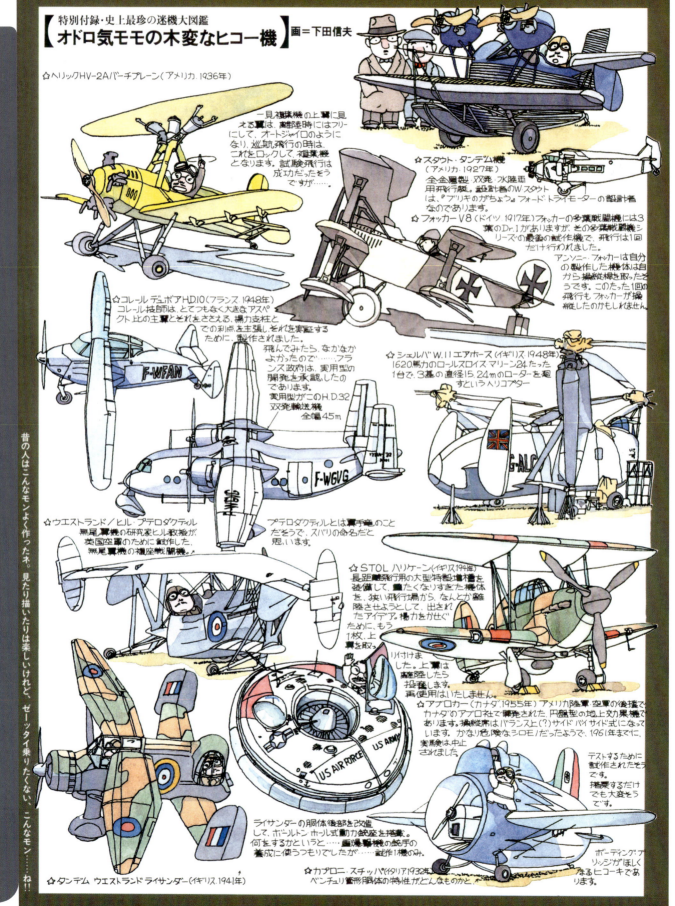

AG illustrated ……④

実録

Nobさんの
「寒くて暑い!? 二度と行きたい!?
全日空ビデオ"ブルー・オン・ブルー"
映像制作現場ウラ話」実体験航空コミックス

画＝荻窪航空博物館館長・下田信夫　illustration by NOBUO SHIMODA

(左)です
9月1日にソニーミュージックエンタテインメントから発売される"全日空の世界(ブルー・オン・ブルーシリーズ)"のロケに行きませんか？
(行って下さい)

注：登場する人物・団体名等、すべて実在するノンフィクション・ストーリーであります。

2月某日、羽田空港に午前7時30分集合だそうです。逆算すると、我が家を午前5時30分に出なくてはなりません。真冬のこの時間、外は真っ暗、寒ーい。
全日空が買ったばかりの、エアバスA320のロケであります。
A320は、全日空が初めて導入した『おフランス製』の旅客機です。(就航は3月20日の東京―山形線が最初になります)
撮影スタッフの中に、外国人みたいな人がいます。エアバス社の関係者かな？

【A320】座席数は166席、6列配置で、最後列だけ4列配置。同じ6列配置のボーイング737と比べて、胴体内部の幅は、0.45m広い3.7m。座席はフランス・シクマ社製で、1.57m幅の3座席ユニット。
この広さは、世界一(?)だそうです。また、中央座席は他のシートより約0.056m広い、心配りの設計になっています。
化粧室にも心配りの設計があります。便座の背後に跳ね上げ式のテーブルがあり、ここで赤ちゃんのオムツの交換が出来るようになっています。
左右の主翼上面に、何に使うのか、黄色の金具があります。

きっと『心配りの金具』だと思うのですが……。

『オーバーヘッド・ストゥェッジ』要するに、アノ座席の上にある荷物入れのことです。これがまた、定期旅客機の中では最も広く、1人当たり0.06m³もあります。
那須岳上空あたりから、雲中飛行となり、客室の窓からの撮影は、雲の下に出るまではお休み。

VEの藤波さん

カメラマンの西野さん
演出の滝沢さん
全日空のキャプテンの鈴木さん(飛行時間9,700時間)
制作の寺田さん(エアバス社の人だと、僕が早とちりした人です)

アドバイザーは、ご存知カメラマンの青木さん

Nobさんの「寒くて暑い!? 二度と行きたい!? 映像製作現場ウラ話」

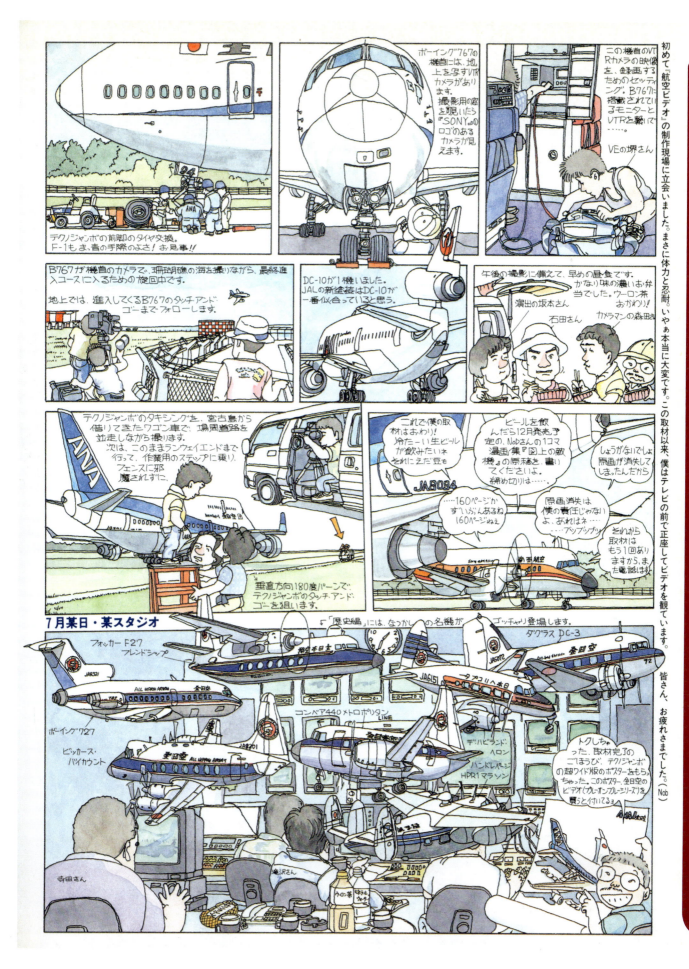

Nobさんの航空縮尺イラストグラフィティ
ジェット編

Nobさんの航空縮尺イラストグラフィティ　ジェット編

著者　　下田信夫
編集　　スケールアヴィエーション編集部
協力　　佐野総一郎

デザイン　海老原剛志

発行日　2019年2月28日　初版第1刷

発行人　小川光二

発行所　株式会社　大日本絵画
　　　　〒101-0054 東京都千代田区神田錦町1丁目7番地
　　　　Tel. 03-3294-7861(代表)
　　　　URL. http://www.kaiga.co.jp

企画・編集　株式会社 アートボックス
　　　　〒101-0054 東京都千代田区神田錦町1丁目7番地
　　　　錦町一丁目ビル4F
　　　　Tel. 03-6820-7000(代表)　Fax. 03-5281-8467
　　　　URL. http://www.modelkasten.com/

印刷／製本　大日本印刷株式会社

◎内容に関するお問い合わせ先：03(6820)7000　㈱アートボックス
◎販売に関するお問い合わせ先：03(3294)7861　㈱大日本絵画

Publisher: Dainippon Kaiga Co., Ltd.
Kanda Nishiki-cho 1-7, Chiyoda-ku, Tokyo 101-0054 Japan
Phone 81-3-3294-7861
Dainippon Kaiga URL. http://www.kaiga.co.jp.
Copyright ©2019 DAINIPPON KAIGA Co., Ltd.／Nobuo Shimoda
Editor: ARTBOX Co.,Ltd.
Nishikicho 1-chome bldg., 4th Floor, Kanda Nishiki-cho 1-7, Chiyoda-ku, Tokyo 101-0054 Japan
Phone 81-3-6820-7000
ARTBOX URL: http://www.modelkasten.com/

Copyright ©2019 株式会社　大日本絵画／下田信夫
本書掲載の写真、図版および記事等の無断転載を禁じます。
定価はカバーに表示してあります。

ISBN978-4-499-23256-2

▲恐らく海外、または米軍の駐屯地で撮られたであろう30代の下田氏の一枚。このころの氏はその作風からは想像がつかないようなちょっと怖そうな風体がまた作品とのギャップがあって愛おしいのである